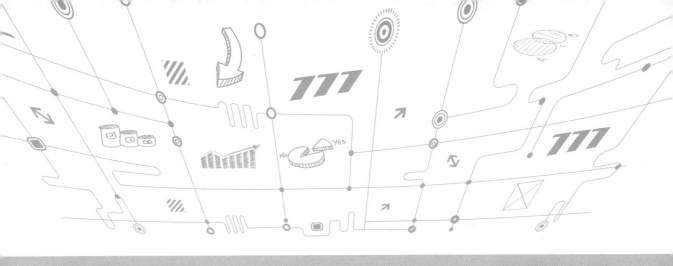

# Power BI
## 智能数据分析与可视化
## 从入门到精通

牟恩静 李杰臣◎编著

机械工业出版社
China Machine Press

图书在版编目（CIP）数据

Power BI智能数据分析与可视化从入门到精通／牟恩静，李杰臣编著. —北京：机械工业出版社，2019.5
（2022.7重印）

ISBN 978-7-111-62686-2

Ⅰ．①P… Ⅱ．①牟…②李… Ⅲ．①可视化软件－数据分析 Ⅳ．①TP31

中国版本图书馆CIP数据核字（2019）第087184号

本书是为 Power BI 新手编写的智能数据分析与可视化教程，能够帮助读者快速提高数据可视化和数据分析的能力。

全书共 11 章，循序渐进地讲解了 Power BI 的核心功能和实际应用。第 1 ~ 3 章讲解 Power BI 的基础知识和基本操作。第 4 ~ 10 章讲解 Power BI 的主要功能，包括数据的获取、整理和建模，报表和视觉对象的制作，在 Power BI 服务中进行协作与共享等。第 11 章通过一个综合实例回顾和巩固所学内容。

本书适用于需要经常使用可视化技术呈现和分析数据的职场人士和办公人员，也可供在校学生或数据可视化爱好者参考。

# Power BI 智能数据分析与可视化从入门到精通

出版发行：机械工业出版社（北京市西城区百万庄大街22号　邮政编码：100037）

责任编辑：杨 倩　　　　　　　　　　　　　　责任校对：庄 瑜

印　　刷：涿州市京南印刷厂　　　　　　　　版　次：2022年7月第1版第6次印刷

开　　本：190mm×210mm　1/24　　　　　　印　张：12.5

书　　号：ISBN 978-7-111-62686-2　　　　　定　价：69.80元

客服电话：（010）88361066　88379833　68326294　　　投稿热线：（010）88379604

华章网站：www.hzbook.com　　　　　　　　　　读者信箱：hzjsj@hzbook.com

# Preface 前言

在当今这个大数据时代，各个企业上至领导层，下至业务人员，都面临着分析巨量数据的挑战。各种针对大数据的商业智能解决方案因而不断涌现。其中，由微软公司推出的 Power BI 是一种自助式商业智能工具，具有界面友好、操作简单、学习门槛低等优点。用户不需要掌握复杂的技术就能完成数据的可视化分析，将庞杂抽象的数据转化为直观易懂的交互式可视化报表，并基于云技术共享报表，让企业上下随时随地都能跟踪各项业务的运行状况。当前不仅在数据分析领域，在普通办公人员群体当中也掀起了学习 Power BI 的热潮。

本书是为 Power BI 新手编写的智能数据分析与可视化教程。全书共 11 章，循序渐进地讲解了 Power BI 的核心功能和实际应用。第 1～3 章讲解 Power BI 的基础知识和基本操作。第 4～10 章讲解 Power BI 的主要功能，包括数据的获取、整理和建模，报表和视觉对象的制作，在 Power BI 服务中进行协作与共享等。第 11 章通过一个综合实例回顾和巩固所学内容。

本书在介绍 Power BI 的各项功能时，基本都是结合实例进行讲解，通过浅显易懂的文字解说配合清晰直观的截图来展示操作过程。读者可以按照书中的讲解，结合云空间资料中的实例文件一步一步动手实践，学习体验轻松愉悦，学习效果立竿见影。

本书适用于需要经常使用可视化技术呈现和分析数据的职场人士和办公人员，也可供在校学生或数据可视化爱好者参考。

由于编者水平有限，本书难免有不足之处，恳请广大读者批评指正。读者除了可扫描封底上的二维码关注公众号获取学习资源，也可加入 QQ 群 733869952 与我们交流。

编者
2019 年 4 月

# 如何获取云空间资料

 **一　扫码关注微信公众号**

　　在手机微信的"发现"页面中点击"扫一扫"功能，进入"扫一扫"界面，将手机摄像头对准封底上的二维码，扫描识别后进入"详细资料"页面，点击"关注公众号"按钮，关注我们的微信公众号。

 **二　获取资料下载地址和提取码**

　　点击公众号主页面左下角的小键盘图标，进入输入状态，在输入框中输入本书书号的后 6 位数字"626862"，点击"发送"按钮，即可获取本书云空间资料的下载地址和提取码，如右图所示。

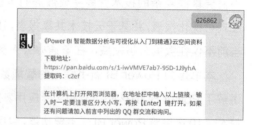

**三　打开资料下载页面**

　　在计算机的网页浏览器地址栏中输入前面获取的下载地址（输入时注意区分大小写），如右图所示，按 Enter 键即可打开资料下载页面。

**四　输入提取码并下载资料**

　　在资料下载页面的"请输入提取码"文本框中输入前面获取的提取码（输入时注意区分大小写），再单击"提取文件"按钮。在新页面中单击打开资料文件夹，在要下载的文件名后单击"下载"按钮，即可将其下载到计算机中。如果页面中提示需要登录百度账号或安装百度网盘客户端，则按提示操作（百度网盘注册为免费用户即可）。下载的资料如果为压缩包，可使用 7-Zip、WinRAR 等软件解压。

　　**提示：** 读者在下载和使用云空间资料的过程中如果遇到自己解决不了的问题，请加入QQ群733869952，下载群文件中的详细说明，或者向群管理员寻求帮助。

# Contents 目录

## 第4章　输入和连接数据

## 第5章　数据的编辑和整理

# 第6章　管理行列数据

# 第7章 建立数据分析模型

# 第8章 数据可视化

# 第9章　视觉对象的制作与分析

# 第10章 Power BI 服务

# 第11章 Power BI 实战演练

# 第 1 章

# Power BI 概论

你是不是总是陷入烦琐的数据处理工作？

你是不是常常为赶制各种报表加班加点？

你是不是苦于不能将来源多样的数据快速集合起来？

你是不是正在为做不出外观专业的报表感到烦恼？

…………

不用担心，使用商业智能分析工具 Power BI，就能轻而易举地解决这些问题。

# 1.1　什么是Power BI

在互联网时代，人们的一举一动都在产生海量的数据。其中不仅包含数字和信息，而且隐含着知识和规律。但这些知识和规律并不是显而易见的，而是需要通过深度的挖掘与分析才能获得。由于数据是在爆发式增长，数据的挖掘与分析工作只有使用计算机才可能完成，商业智能便应运而生。

商业智能是从英文 Business Intelligence 翻译而来，通常缩写为 BI。它泛指针对大数据的解决方案，可以对来自不同系统的数据进行提取、清理、整合、汇总、分析，帮助企业做出有效的预测和明智的决策。

传统 BI 的数据分析是由企业中专门的信息技术部门和团队来完成的，制作出的报表多为固定格式，不但灵活性不足，在及时性上也经常无法满足业务部门的需求。随着数据越来越多，分析时间越来越长，企业迫切需要降低数据分析的门槛，自助式 BI 便产生了。自助式 BI 的适用对象是不具备信息技术专业背景的业务分析人员、领导层等，比传统 BI 更灵活，更易于使用。

本书要介绍的 Power BI 就是一种先进的自助式 BI 软件。它由微软公司推出，可以连接数百个数据源，简化数据的准备工作，即时完成数据的统计分析，并生成丰富的交互式可视化报告，发布到网页和移动设备上，供相关人员随时随地查阅，以便监测企业各项业务的运行状况。下图展示了通过 Power BI 对各类数据进行可视化的大致过程。

Power BI 既可作为员工的个人报表和可视化工具，还可用作项目组、部门或整个企业背后的分析和决策引擎。

# 1.2　从Excel升级到Power BI的理由

　　说起数据分析，大多数人首先想到的可能会是 Excel。了解 Excel 的人都知道，它也能完成数据的统计和分析，制作出专业的报表，并使用图表实现数据的可视化。那么为什么微软还要开发 Power BI 呢？其实，在 Excel 中就能找到 Power BI 的雏形。

　　Excel 作为一个大众化的数据处理软件，用于简单的日常办公当然没有任何问题。但是在大数据时代，由于数据源种类繁多，数据量成倍增长，Excel 处理起来就显得有点力不从心。微软在意识到这个问题后，在推出 Excel 2010 时添加了一个名为 Power Query 的插件，该插件可获取多种数据源，且处理数据的能力较强，弥补了 Excel 数据处理能力上的不足。Excel 2016 更是直接将 Power Query 的功能嵌入到了"数据"选项卡下，如下图所示。

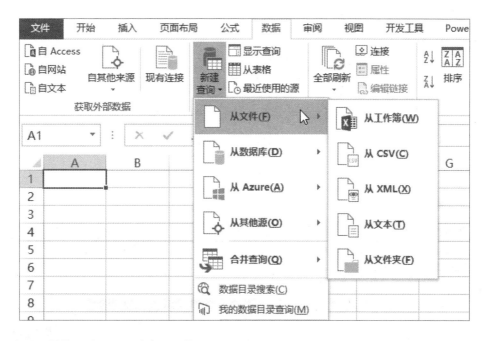

　　随后，微软又在 Excel 中相继增加了 Power Pivot、Power Map、Power View 插件。这三个插件默认不显示在功能区中，需要通过以下方法加载。

启动 Excel 并创建一个空白工作簿，单击"文件 > 选项"命令，打开"Excel 选项"对话框，切换至"加载项"选项卡，设置"管理"为"COM 加载项"，单击"转到"按钮，如下图所示。

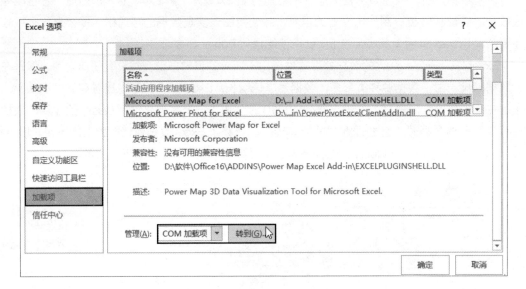

打开"COM 加载项"对话框，勾选要显示在功能区中的插件复选框，单击"确定"按钮即可，如下图所示。

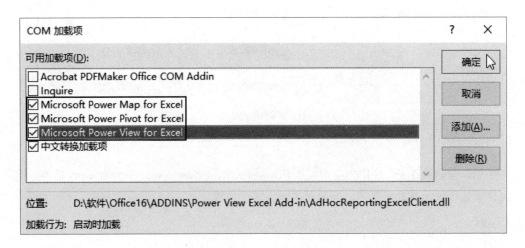

完成加载后，可在"插入"选项卡下的功能区中看到"三维地图"和"Power View"，如下左图所示。在 Excel 的选项卡中可看到增加的"Power Pivot"选项卡及该选项卡下的命令，如下右图所示。

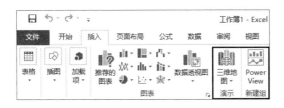 

通过 Power Query、Power Pivot、Power Map、Power View 这四个 Excel 插件，微软摸索出了自助式 BI 软件的产品路线，最终推出了 Power BI。Power BI 并不是上述四个插件的简单集成，它的功能更加强大，操作却更加简单。例如，在 Excel 中要制作出高级的交互式动态图表，除了需要精通公式、函数、VBA，还要执行烦琐的操作，十分耗费时间；而在 Power BI 中只需使用现成的功能，点几下鼠标就可以轻松完成，而且效果更加专业。

因此，还在使用 Excel 的数据分析人员，都应该安装并尝试 Power BI，相信它一定能让你的工作更加高效。下面就来列举从 Excel 升级到 Power BI 的几大理由。

### 1. 可连接的数据来源更多、数据量更大

使用 Power BI 可以连接到许多不同来源的数据，而且处理大量数据的效率更高。右图所示为 Power BI 可连接的数据源类型，并且随着 Power BI 的更新，支持的数据源类型还在不断增长，能够持续满足用户的各种需求。

### 2．软件更新速度快

Excel 一般几年才更新一次，而 Power BI 自发布以来，几乎每月都要更新一次，如右图所示。每次更新除了会解决过去版本中的漏洞，还会改进已有功能或增加新的功能，让用户操作起来更顺手，甚至能让工作效率发生质的飞跃。

## 此前的 Power BI Desktop 月度更新

2019年03月13日 · 作者 🐻 🐧

**本文内容**

2019 年 2 月更新 (2.65.5313.501)

2019 年 1 月更新

2018 年 12 月更新 (2.65.5313.501)

2018 年 11 月更新 (2.64.5285.461)

2018 年 10 月更新 (2.63.3272.40262)

2018 年 9 月更新 (2.62.5222.582)

2018 年 8 月更新 (2.61.5192.321)

2018 年 7 月更新 (2.60.5169.3201)

### 3．种类繁多、效果酷炫的视觉对象

Power BI 除了预置种类全面的常用视觉对象之外，还提供了丰富的自定义视觉对象库，供用户免费下载使用。而且该库会不定期更新，补充新的视觉对象，如下图所示。

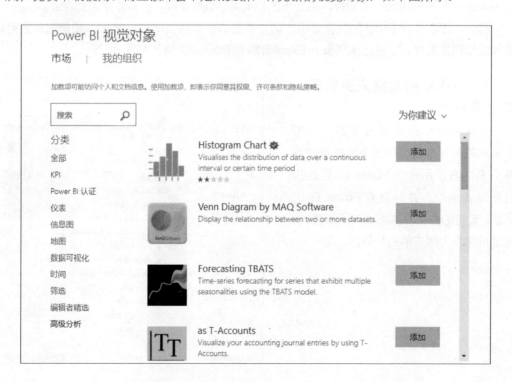

### 4．在业界遥遥领先的地位

国际著名资讯机构 Gartner 在 2019 年发布的商业智能和分析平台魔力象限报告中简要描述了商业智能和分析平台的发展走势，逐一分析了 21 家商业智能和分析平台厂商的优势和应注意的问题，如右图所示。

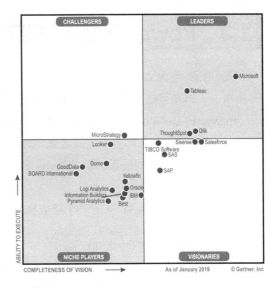

上图中的横轴表示前瞻性（Completeness of Vision），包括厂商或供应商提供的产品底层技术基础的能力、市场领导能力、创新能力和外部投资等。

上图中的纵轴表示执行能力（Ability to Execute），包括产品的使用难度、市场服务的完善程度、技术支持能力、管理团队的经验和能力等。

在上图中，入选魔力象限的 21 家厂商整体的表现特点大致总结如下。

• **整体执行能力**（Ability to Execute）**不高**。即产品的使用难度、市场服务的完善程度、技术支持能力、管理团队的经验和能力在某些方面或环节得到的评价不高。除了 Tableau 和 Microsoft，即使是入选领导者（Leaders）象限的 Qlik 和 ThoughtSpot 也没有真正深入领导者（Leaders）的腹地。

• **具备前瞻性**（Completeness of Vision）**的产品很多**。即对产品底层技术基础的能力、市场领导能力和创新能力等，各个厂商的投入还是比较大的，Microsoft 的表现尤为突出。

• **业务驱动分析的自助式分析厂商更受市场青睐**。入选领导者象限（Leaders）的厂商在商业智能和分析领域只有四家。其中 Tableau、Qlik、ThoughtSpot 都具备很强的可视化交互、探索和展现能力，而 Microsoft 具备完整的 BI 架构应用体系，其中尤以 Power BI 产品在可视化领域有很大突破。

由此可见，Power BI 在商业智能和分析平台领域处于遥遥领先的地位，发展前景良好。学习 Power BI，对个人的职业生涯将大有益处。

# 1.3  Power BI的组成部分

Power BI 包含 Windows 桌面应用程序（Power BI Desktop）、Power BI Service（Power BI 服务），以及可在 iOS 和 Android 设备上使用的 App（Power BI 移动版）。

Power BI Desktop 是一款可在本地计算机上安装的免费应用程序，借助 Power BI Desktop，可以使用来自多个源的数据创建复杂且视觉效果丰富的报表。通过 Power BI 服务可与其他人共享制作的报表。通过 Power BI 移动版可在手机等移动设备上实时查看数据更新，随时掌握业务状况。

如下图所示为 Power BI 的三个组成部分。

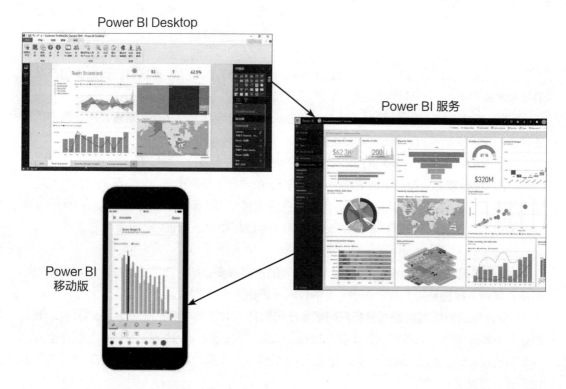

使用 Power BI 的哪一部分取决于用户在项目中的角色或所在的团队。不同角色的人可能以不同方式使用 Power BI。例如，负责处理数据的人主要使用 Power BI Desktop 和 Power

BI 服务制作报表和仪表板，并使用 Power BI 服务共享报表和仪表板；领导层主要在办公室的计算机上使用 Power BI 服务查看制作好的仪表板和报表；而需要经常出差在外的销售业务负责人则主要在手机等移动设备上使用 Power BI 移动版监视销售进度，了解潜在客户的详细信息。

当然，同一个人也有可能会在不同时间使用 Power BI 的不同部分，但是无论使用 Power BI 的哪个部分，通常都要遵循下面的工作流程。

- 将数据导入 Power BI Desktop，并创建报表。
- 将报表发布到 Power BI 服务，可在该服务中创建新的视觉对象或构建仪表板，并与他人（尤其是出差人员）共享仪表板。
- 在 Power BI 移动版中查看共享的仪表板和报表，并与其交互。

总而言之，Power BI 的三个组成部分旨在帮助用户通过最有效的方式创建、共享和获取商业见解。

# 1.4　Power BI的构建基块

这个世界上的事物有的简单，有的复杂，但它们都是由一些基本元素构建而成的。例如，小小的铅笔是用石墨、黏土、木材等制成的，高大的飞机则是用金属、玻璃、橡胶、合成纤维等制成的。Power BI 也一样。在 Power BI 中完成的任务不管有多复杂，都可以分解为针对几个构建基块所执行的操作。因此，学习 Power BI 要从认识这些构建基块入手。

Power BI 的构建基块主要有 5 个——视觉对象、数据集、报表、仪表板、磁贴。下面对这 5 个构建基块分别进行详细介绍。

## 1.4.1　视觉对象（可视化效果）

视觉对象又称为可视化效果，是数据的可视化表示形式，如图表、图形、彩色地图或其他可以直观呈现数据的有趣事物。Power BI 中有种类丰富的视觉对象，并且随时在更新和增加。视觉对象可以很简单，如一个表示重要内容的数字；也可以很复杂，如一个展示某国民众幸福程度的颜色渐变图。下图所示为使用 Power BI 将数据可视化后得到的多种视觉对象。

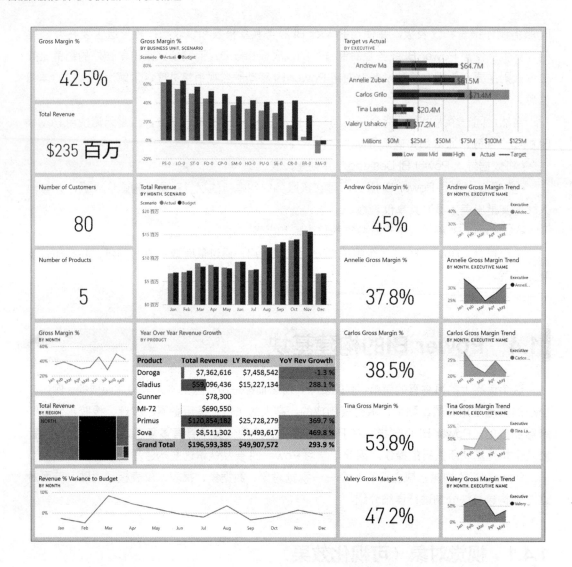

## 1.4.2　数据集

　　数据集来自数据源，是 Power BI 用来创建视觉对象的数据集合。在研究数据、创建图表和仪表板时，所看到的视觉对象的基础数据实际上均是从数据集获得的。下图所示为来自 Excel 工作簿中单个表的数据集。

| C2132 | | | $f_x$ | 2 | | | | |
|---|---|---|---|---|---|---|---|---|
| | B | C | D | E | F | G | H | |
| 1 | 年份 | 月份 | 月份名称 | 日历月 | 出生人 | 每日出生人数 | 出生人数（规范化） | |
| 2119 | 2004 | 1 | 一月 | 2004/1/1 | 2,937 | 94.7 | 2842 | |
| 2120 | 2004 | 2 | 二月 | 2004/2/1 | 2,824 | 97.4 | 2921 | |
| 2121 | 2004 | 3 | 三月 | 2004/3/1 | 3,128 | 100.9 | 3027 | |
| 2122 | 2004 | 4 | 四月 | 2004/4/1 | 2,896 | 96.5 | 2896 | |
| 2123 | 2004 | 5 | 五月 | 2004/5/1 | 3,008 | 97.0 | 2911 | |
| 2124 | 2004 | 6 | 六月 | 2004/6/1 | 3,047 | 101.6 | 3047 | |
| 2125 | 2004 | 7 | 七月 | 2004/7/1 | 2,981 | 96.2 | 2885 | |
| 2126 | 2004 | 8 | 八月 | 2004/8/1 | 3,079 | 99.3 | 2980 | |
| 2127 | 2004 | 9 | 九月 | 2004/9/1 | 3,219 | 107.3 | 3219 | |
| 2128 | 2004 | 10 | 十月 | 2004/10/1 | 3,547 | 114.4 | 3433 | |
| 2129 | 2004 | 11 | 十一月 | 2004/11/1 | 3,365 | 112.2 | 3365 | |
| 2130 | 2004 | 12 | 十二月 | 2004/12/1 | 3,143 | 101.4 | 3042 | |
| 2131 | 2005 | 1 | 一月 | 2005/1/1 | 2,921 | 94.2 | 2827 | |
| 2132 | 2005 | 2 | 二月 | 2005/2/1 | 2,699 | 96.4 | 2892 | |
| 2133 | 2005 | 3 | 三月 | 2005/3/1 | 3,024 | 97.5 | 2926 | |
| 2134 | 2005 | 4 | 四月 | 2005/4/1 | 3,037 | 101.2 | 3037 | |
| 2135 | 2005 | 5 | 五月 | 2005/5/1 | 3,231 | 104.2 | 3127 | |
| 2136 | 2005 | 6 | 六月 | 2005/6/1 | 3,163 | 105.4 | 3163 | |
| 2137 | 2005 | 7 | 七月 | 2005/7/1 | 3,119 | 100.6 | 3018 | |
| 2138 | 2005 | 8 | 八月 | 2005/8/1 | 3,156 | 101.8 | 3054 | |
| 2139 | 2005 | 9 | 九月 | 2005/9/1 | 3,439 | 114.6 | 3439 | |

有了数据集后，就可以开始创建以不同方式显示该数据集的视觉对象，为创建报表做好准备。

## 1.4.3 报表

在 Power BI 中，报表是视觉对象的集合。这些视觉对象可以显示在一个页面中，也可以按照相关性归类显示在多个页面中。

下图所示为在 Power BI Desktop 中打开的一个报表，此报表一共有 6 个页面，当前位于第 5 个页面，此页面上有 3 个不同的视觉对象。

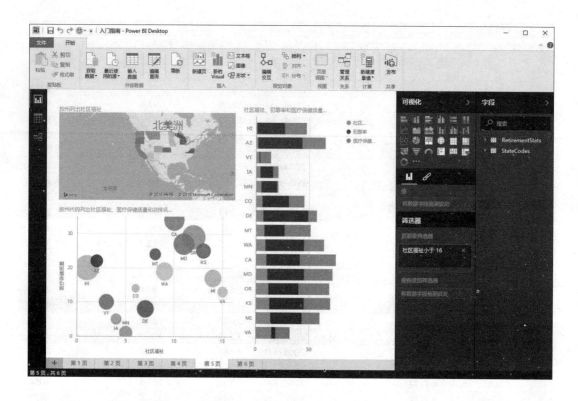

报表是 Power BI Desktop 和 Power BI 服务的一项功能。在 Power BI 移动版中无法创建报表，但可以查看、共享报表并对其添加批注。

## 1.4.4 仪表板

若要共享报表的单个页面或共享视觉对象的集合，就可以创建仪表板。仪表板必须位于单个页面中，该页面通常称为画布。画布是一块空白的背景，在其中可以放置视觉对象，就像是画家作画的画布一样。下图所示为在 Power BI 服务中显示的仪表板效果。

　　仪表板不是 Power BI Desktop 的功能，而是 Power BI 服务的一项功能。在 Power BI 移动版中无法创建仪表板，但可以查看和共享仪表板。

## 1.4.5　磁贴

　　在 Power BI 中，磁贴是在报表或仪表板中显示的包含单个视觉对象的矩形框。在 Power BI 中创建报表或仪表板时，可以按照所期望的信息呈现方式自由地移动或排列磁贴，更改磁贴的大小等。

　　如下图所示，用黑色加粗线框标出的就是一个磁贴，其周围环绕着其他 7 个磁贴。

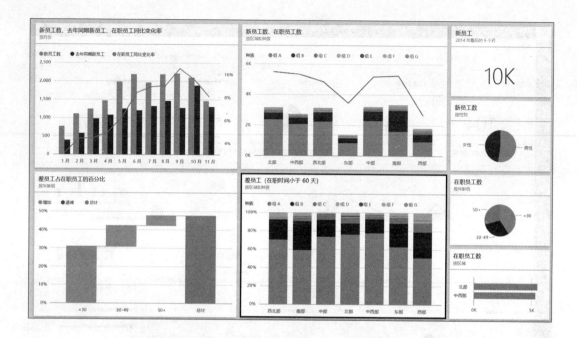

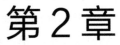

# 第 2 章

# Power BI 入门前的
# 准备工作

要使用 Power BI 进行商业数据的可视化设计和分析，首先需要进行一些入门准备工作，如下载与安装 Power BI 的桌面应用程序 Power BI Desktop，注册并登录账户，熟悉应用程序的工作界面等。

本章主要对 Power BI Desktop 的入门准备工作进行详细讲解，此外还将介绍如何使用程序的帮助功能解决使用过程中遇到的问题。

# 2.1 Power BI Desktop的下载与安装

在安装 Power BI Desktop 应用程序前，需要了解以下安装要求。

• Power BI Desktop 支持的操作系统版本包括 Windows 10、Windows 7、Windows 8、Windows 8.1、Windows Server 2008 R2、Windows Server 2012、Windows Server 2012 R2，并且同时支持 32 位（x86）和 64 位（x64）两种操作系统类型。

• Power BI Desktop 要求使用 Internet Explorer 10 或更高版本的浏览器。

由于 Power BI Desktop 应用程序的安装包根据适用的操作系统类型分为 32 位（x86）和 64 位（x64）两种，所以在下载安装包之前，需要通过控制面板查看当前操作系统的类型是 32 位（x86）还是 64 位（x64）。下面就来详细介绍下载与安装 Power BI Desktop 的操作步骤。

**步骤01** 启动控制面板。❶在桌面上单击左下角的"开始"按钮，❷在打开的菜单中单击"Windows系统>控制面板"，如下左图所示。打开"控制面板"窗口，❸单击"系统和安全"按钮，如下右图所示。

**步骤02** 查看操作系统类型。在新的窗口界面中单击"系统"按钮，如下左图所示。即可看到当前操作系统的内存和系统类型等信息，如下右图所示。图中显示当前操作系统为64位操作系统。

**步骤 03** 下载Power BI Desktop安装包。打开浏览器，❶在地址栏中输入下载程序安装包的网址 "https://www.microsoft.com/zh-CN/download/details.aspx?id=58494"，按下【Enter】键，在打开的网页中可看到该程序的一些安装说明，如程序的详情数据、安装的系统要求等内容。❷选择语言版本，如"中文（简体）"，❸单击"下载"按钮，如下图所示。

**步骤 04** 选择安装包类型。在新的网页中勾选要下载的安装包。如果操作系统为32位，则勾选 "PBIDesktop.msi" 复选框；如果操作系统为64位，则勾选 "PBIDesktop_x64.msi" 复选框。由于当前操作系统为64位，❶勾选 "PBIDesktop_x64.msi" 复选框，❷单击 "Next" 按钮，如下图所示。

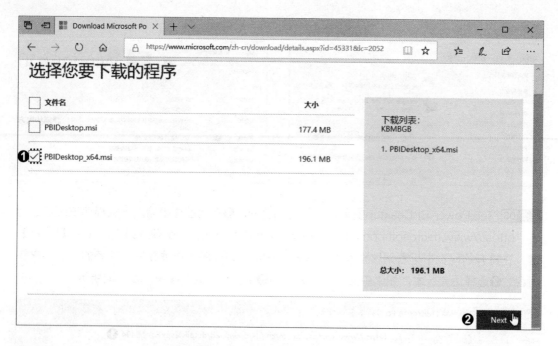

**步骤05** 运行安装包。完成安装包的下载后,双击下载的安装包,打开安装程序窗口后,并不会立即开始安装,还需要做一些安装前的设置工作。❶单击"下一步"按钮,如下左图所示。阅读软件许可条款,如果接受,❷则勾选"我接受许可协议中的条款"复选框,❸然后单击"下一步"按钮,如下右图所示。

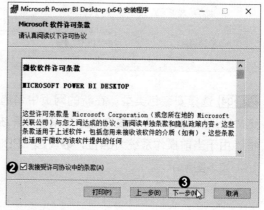

**步骤06** 设置安装位置。在窗口中可看到应用程序的默认安装位置，如果对安装位置不满意，可单击"更改"按钮，在打开的窗口中进行更改，或者直接在文本框中输入安装位置。❶设置好安装位置，❷单击"下一步"按钮，如下左图所示。❸在窗口中可看到"已准备好安装 Microsoft Power BI Desktop（x64）"的信息，❹"创建桌面快捷键"复选框会自动勾选，如果不需要创建桌面快捷方式，取消勾选即可，❺单击"安装"按钮，如下右图所示。

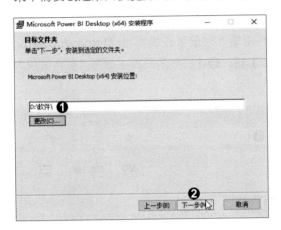

**步骤07** 完成安装。此时可看到开始安装程序的进度条，如下左图所示。等待一段时间后，程序安装完成。如果要启动安装好的程序，则在窗口中保持"启动Microsoft Power BI Desktop"复选框的勾选状态，单击"完成"按钮，如果不想要启动，则取消勾选复选框，如下右图所示。

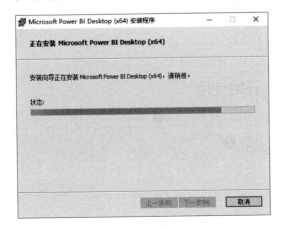
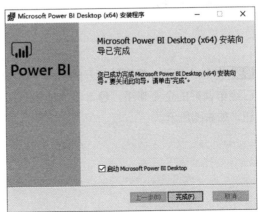

## 2.2 Power BI Desktop账户注册

如果要共享制作好的报表或者邀请其他用户查看报表，则首先需要注册账户。要注意的是，注册账户需要一个工作或学校的电子邮箱。接下来将通过详细的操作步骤说明如何注册Power BI 账户。

**步骤01** 打开注册界面。打开浏览器，❶在地址栏中输入注册账户的网址"https://powerbi. microsoft.com/zh-cn/get-started/"，按下【Enter】键，❷在打开的网页中单击"免费试用"按钮，如下图所示。

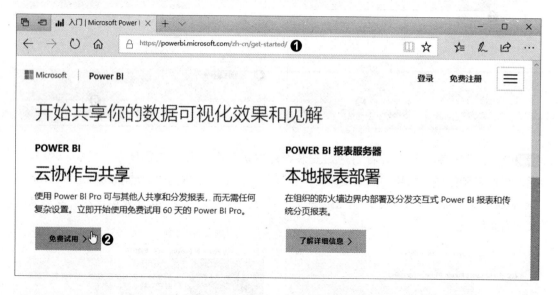

**步骤02** 输入邮箱。❶在新打开的网页中输入已经申请好的企业邮箱，❷单击"注册"按钮，如右图所示。

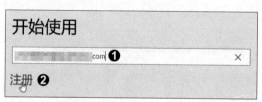

步骤 03 创建账户。❶输入创建账户的信息，如姓、名、登录密码及企业邮箱中收到的验证码，❷完成信息的输入后单击"开始"按钮，如右图所示。随后可邀请更多的用户注册并使用Power BI软件，也可以单击"跳过"按钮不邀请用户。

步骤 04 完成注册。等待一段时间后，完成注册，可在新的页面中看到注册账户的信息，如安装状态、订阅、安全和隐私等，如下图所示。

## 2.3 Power BI Desktop的界面介绍

在Power BI Desktop中进行具体的操作前，需要认识一下该程序的工作界面，如欢迎界面、操作主界面等，这样有助于快速找到需要的命令，操作起来更加得心应手，从而提高工作效率。

### 2.3.1 启动 Power BI Desktop 并登录账户

在未登录账户的情况下，Power BI Desktop 中的某些功能或命令不会完全显示出来。因此，为了全面地认识和了解应用程序的欢迎界面和操作主界面，首先需要在启动程序后登录注册好的账户。具体操作方法如下。

**步骤01** 启动应用程序。❶在桌面上单击左下角的"开始"按钮，❷在打开的菜单中单击"Microsoft Power BI Desktop>Power BI Desktop"，如下图所示。等待一段时间后，完成应用程序的启动。

**步骤02** 关闭注册界面。Power BI Desktop应用程序的最上方会出现一个名为"Welcome to Power BI Desktop"的界面，在该界面中可填写个人信息进行注册，因为在上小节中已注册好账户，所以直接单击"已有Power BI账户？请登录"按钮，如下图所示。

步骤 03 登录账户。❶在"登录"对话框中输入注册账户时填写的企业邮箱，❷单击"登录"
按钮，如下左图所示。❸在"登录到您的账户"对话框中的"输入密码"下方输入登录密码，
❹单击"登录"按钮，如下右图所示。成功登录账户后，会显示欢迎界面。

## 2.3.2　Power BI Desktop 的欢迎界面

下图所示为 Power BI Desktop 的欢迎界面。其可分为❶资料获取、❷教学视频、❸学习
分享、❹教学课程 4 个区域，各个区域的功能介绍如下。

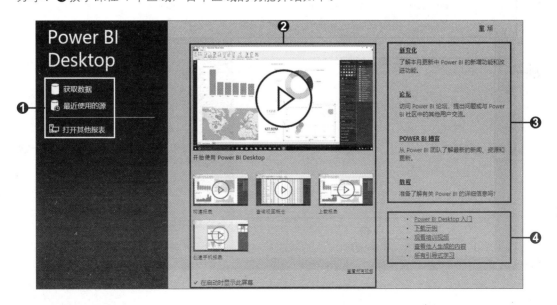

- **资料获取区域：** 可获取不同来源的资料，如直接获取其他类型的数据源、最近使用过的数据源及打开其他已经制作好的报表数据源。
- **教学视频区域：** 可浏览并观看 Power BI 的教学视频。
- **学习分享区域：** 可查看论坛和博客中分享的教学资讯，并查看本月更新中的应用程序新功能和改进功能。此外，还可以了解有关 Power BI 的详细信息。
- **教学课程区域：** 可单击相应的链接，查看详细的实例分析教学内容。

在欢迎界面中，用户无需进入操作主界面，就可直接获取数据源、浏览教学视频、学习更多的程序信息并查看详细的实例分析内容。如果想要在下次启动 Power BI Desktop 时不再打开欢迎界面，可在欢迎界面的底部取消勾选"在启动时显示此屏幕"复选框。

## 2.3.3　Power BI Desktop 的操作主界面

启动 Power BI Desktop 并关闭欢迎界面后，会显示如下图所示的主界面。主界面非常简洁，分布着开发报表常用的多个面板。主界面各组成部分的名称和功能如下表所示。

| 序号 | 名称 | 功能 |
|---|---|---|
| ❶ | 快速访问工具栏 | 存放最常用的按钮，如"保存""撤销"等 |
| ❷ | 标题栏 | 显示当前报表的名称 |
| ❸ | 窗口控制按钮 | 可对当前窗口进行最大化、最小化和关闭操作 |
| ❹ | 功能区 | 以选项卡和组的形式分类组织功能按钮，便于用户快速找到所需功能 |
| ❺ | 视图按钮 | 用于切换视图，包括报表、数据、关系三个视图 |
| ❻ | 画布 | 可在其中创建和排列视觉对象 |
| ❼ | "可视化"窗格 | 可以在其中更改视觉对象、自定义颜色或轴、应用筛选器、拖动字段等 |
| ❽ | "字段"窗格 | 显示导入数据源的标题字段，可在其中将查询元素和筛选器拖到报表视图或"可视化"窗格下的筛选器中 |
| ❾ | 页面选项卡 | 用于选择或添加报表页 |
| ❿ | 状态栏 | 用于显示当前文件的页面信息 |

主界面左侧自上而下排列的三个视图按钮用于切换视图，在不同的视图下可进行不同的操作，三种视图的具体功能如下表所示。

| 图标 | 视图名称 | 视图功能 |
|---|---|---|
| 📊 | 报表视图 | 可以使用创建的查询来构建具有吸引力的视觉对象，并按照期望的方式排列。报表可包含多个页面，并可与他人共享 |
| ▦ | 数据视图 | 以数据模型格式查看报表中的数据，在其中可以添加度量值、创建新列和管理关系 |
| 🔧 | 关系视图 | 以图形方式显示已在数据模型中建立的关系，并可根据需要管理和修改关系 |

## 2.4 Power BI Desktop的帮助功能

在使用 Power BI Desktop 的过程中难免会遇到一些不了解的功能和操作，此时就可以借助应用程序中的帮助功能快速找到相应的详细介绍。

**步骤01** 启动帮助功能。在Power BI Desktop应用程序的操作主界面中单击右上角的"支持"按钮，如下图所示。或者切换至"帮助"选项卡，在功能区中可看到多个与Power BI Desktop程序相关的功能，如指导式学习、培训视频、示例等，单击要查看的功能按钮即可。

**步骤02** 搜索目标内容。此时会打开浏览器并显示支持网页，❶在搜索框中输入要查看的内容关键词，❷单击"搜索支持"按钮，如下图所示。

**步骤 03** 查看目标内容。在搜索结果中可看到多个与散点图相关的内容链接，单击要查看的内容链接，如右图所示。

**步骤 04** 查看具体的信息。在新的网页中可看到该链接的具体内容，如下图所示。

# 第 3 章

# Power BI Desktop
# 基本操作

本章将介绍 Power BI Desktop 的一些基本操作，包括报表的保存和关闭、自定义快速访问工具栏、更改报表的主题颜色、设置报表页等。这些操作虽然简单，但使用频率很高，熟练掌握这些操作可以为后续的学习打好基础。

# 3.1　保存和关闭报表

在 Power BI Desktop 中完成报表制作的某一阶段工作后，如果想要保留工作的成果，就需要保存报表。保存完毕后，就可以关闭报表。

◎　原始文件：无
◎　最终文件：下载资源\实例文件\第3章\最终文件\保存和关闭报表.pbix

步骤01 保存报表。启动Power BI Desktop，关闭欢迎界面。如果要保存该空白报表，❶单击快速访问工具栏中的"保存"按钮，或按下【Ctrl+S】组合键，如下左图所示。此时会打开"另存为"对话框，❷设置好保存位置，❸在"文件名"文本框中输入报表名称，❹单击"保存"按钮，如下右图所示。

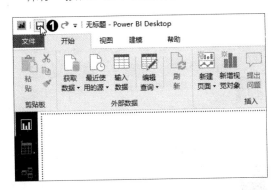

步骤02 关闭报表。完成保存后，❶可在标题栏中看到该报表的名称，❷随后单击右上角的"关闭"按钮，如下图所示。

# 3.2 自定义快速访问工具栏

Power BI Desktop 的快速访问工具栏默认显示"保存""撤销""重做"三个按钮。用户可根据实际的需要自定义快速访问工具栏，如隐藏按钮、移动快速访问工具栏的位置、最小化功能区。

**步骤01** 隐藏按钮。启动Power BI Desktop，❶单击"自定义快速访问工具栏"按钮，❷在展开的列表中单击"重做"选项，如下图所示，即可将该按钮隐藏。

**步骤02** 设置快速访问工具栏的位置。❶再次单击"自定义快速访问工具栏"按钮，❷在展开的列表中单击"在功能区下方显示"选项，如下图所示。

**步骤03** 隐藏功能区。随后可看到快速访问工具栏显示在功能区的下方。❶单击"自定义快速访问工具栏"按钮，❷在展开的列表中单击"最小化功能区"选项，如右图所示，即可隐藏窗口中的功能区。

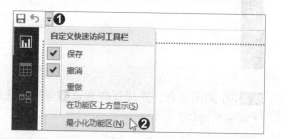

## 技巧提示

如果要将功能区中的按钮添加到快速访问工具栏，可在要添加的按钮上右击，在弹出的快捷菜单中单击"添加到快速访问工具栏"命令。如果要删除快速访问工具栏中的按钮，可在要删除的按钮上右击，在弹出的快捷菜单中单击"从快速访问工具栏删除"命令。

## 3.3　更改报表主题颜色

在制作报表时，为了减少视觉对象的配色工作，可从微软官网上下载主题，并借助报表
主题功能将主题应用于整个报表，快速完成视觉对象的配色。

◎　原始文件：下载资源\实例文件\第3章\原始文件\更改报表主题颜色.pbix、Power
　　　　　　　View Themes文件夹
◎　最终文件：下载资源\实例文件\第3章\最终文件\更改报表主题颜色.pbix

步骤01 导入报表主题。打开原始文件，❶在"开始"选项卡下的"主题"组中单击"切换主
题"按钮，❷在展开的列表中单击"导入主题"选项，如下图所示。

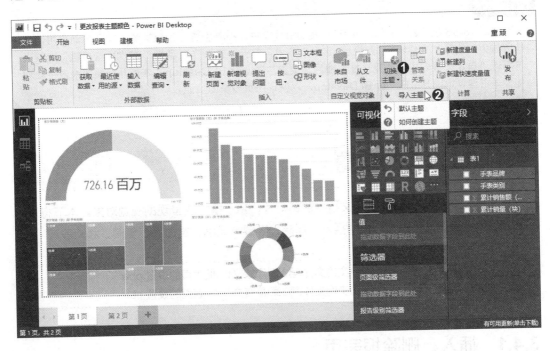

步骤02 选择要导入的主题。打开"打开"对话框，❶找到主题文件夹，❷选择要导入的报表
主题，❸单击"打开"按钮，如下左图所示。弹出"导入主题"对话框，表明主题已经成功

导入，直接单击"关闭"按钮，可看到导入主题后的效果，如下右图所示。需要注意的是，如果报表中含有多个报表页，则会为每个报表页都应用导入的主题。

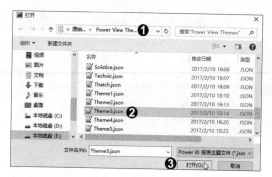
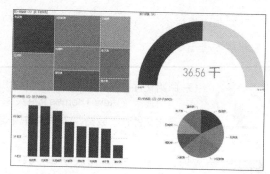

**技巧提示**

在2018年8月版之前的Power BI Desktop版本中，报表主题为预览功能，需要手动启用，具体方法为：执行"文件>选项和设置>选项"命令，打开"选项"对话框，在"预览功能"选项卡下勾选"自定义报表主题"复选框。随后需要重启Power BI Desktop，才能开始使用报表主题功能。本书建议定期升级Power BI Desktop，以便享用更多新的功能。

# 3.4　报表页的设置

报表页就像 PowerPoint 演示文稿中的幻灯片，用于摆放要呈现的视觉对象。本节将讲解报表页的设置操作，包括报表页的插入、删除、隐藏、显示、重命名、复制、移动等。

◎　原始文件：下载资源\实例文件\第3章\原始文件\报表页的设置.pbix
◎　最终文件：下载资源\实例文件\第3章\最终文件\报表页的设置.pbix

## 3.4.1　插入、删除报表页

当需要更多的报表页来展示数据的可视化效果时，可插入新的报表页；如果不再使用某张报表页，可将其删除。

步骤 01 插入空白报表页。打开原始文件，在Power BI Desktop窗口底部的页面选项卡右侧单击"新建页"按钮，如下图所示。

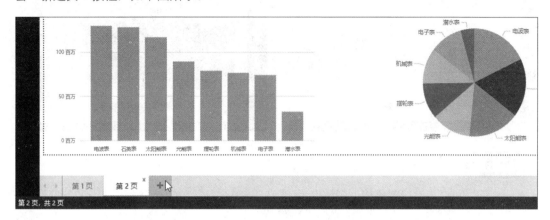

步骤 02 删除报表页。此时可看到插入的空白报表页。如果觉得某一报表页无用，想要将其删除，❶可单击该页标签右上角的"删除页"按钮，如下左图所示。弹出"删除此页"对话框，如果确认要删除该页，❷则直接单击"删除"按钮，如下右图所示。

## 3.4.2　隐藏、显示报表页

如果不希望将报表中的某些页展示出来，可将这些页隐藏，使用 Power BI 服务查看报表时就会看不到这些隐藏页。但这些隐藏页并未被删除，在需要时还可将其重新显示出来。

继续上小节中的操作，❶在窗口底部的页面选项卡中右击要隐藏的报表页标签，❷在弹出的快捷菜单中单击"隐藏页"命令，如下左图所示。切换至其他页中，可看到隐藏后的报表页标签呈灰色。如果要将隐藏的报表页显示出来，❸则在隐藏的报表页标签上右击，❹在弹出的快捷菜单中单击"隐藏页"命令，如下右图所示。

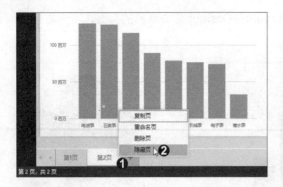
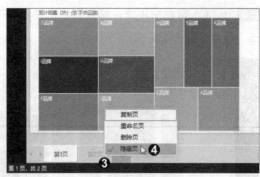

技巧提示

　　需要注意的是，在Power BI Desktop中，即使报表页的页标签为灰色，仍然可以访问页面的内容，所以隐藏报表页不是一种保护数据的安全措施。

## 3.4.3　重命名报表页

　　Power BI Desktop 默认的报表页名称为"第 × 页"的形式，可能不便于查找和记忆，用户可根据报表页内容重命名报表页。

　　继续上小节中的操作，❶在窗口底部的页面选项卡中右击要重命名的页标签，❷在弹出的快捷菜单中单击"重命名页"命令，如下左图所示，也可以直接双击要重命名的页标签。❸可看到页标签中的名称呈可编辑的状态，输入新的名称，按下【Enter】键，即可完成报表页的重命名操作，应用相同的方法为其他报表页重命名，如下右图所示。

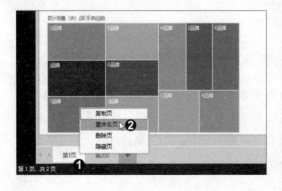
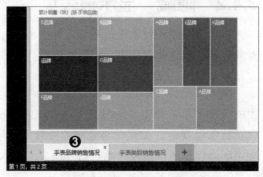

### 3.4.4　复制报表页

如果想要将当前报表页复制到报表的其他位置，以简化相同内容或格式的新报表页的创建操作，可通过 Power BI Desktop 中的复制页功能来实现。

继续上小节中的操作，❶在要复制的报表页标签上右击，❷在弹出的快捷菜单中单击"复制页"命令，如下左图所示。❸可看到页面选项卡的最后插入了一个名为"手表品牌销售情况的副本"且与复制页内容相同的报表页，为便于区分，对复制后的报表页进行重命名操作，即可得到如下右图所示的效果。

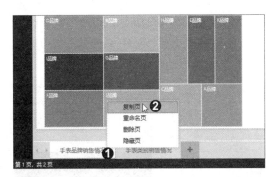 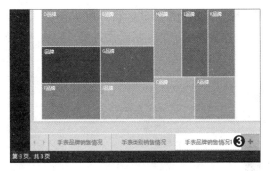

### 3.4.5　移动报表页

如果要调整报表的顺序，可直接使用鼠标将其拖动到合适的位置。继续上小节中的操作，❶将鼠标指针放置在要移动的报表页标签上，按住鼠标左键不放，拖动至要移动到的位置，如下左图所示。❷释放鼠标，即可看到移动报表页后的效果，如下右图所示。

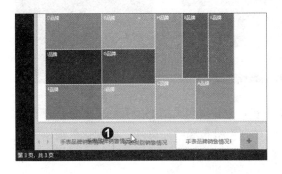 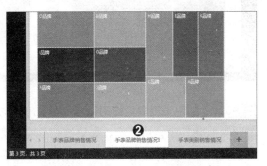

# 3.5 创建针对手机应用的报表

为了改善在手机等移动设备中浏览报表的体验，可在 Power BI Desktop 的手机布局中重新排列和调整视觉对象。

◎ 原始文件：下载资源\实例文件\第3章\原始文件\创建针对手机应用的报表.pbix
◎ 最终文件：下载资源\实例文件\第3章\最终文件\创建针对手机应用的报表.pbix

步骤01 切换布局方式。打开原始文件，可发现默认情况下，报表的视图方式为桌面设备布局。如果要更改为手机布局方式，则在"视图"选项卡下的"视图"组中单击"手机布局"按钮，如下图所示。

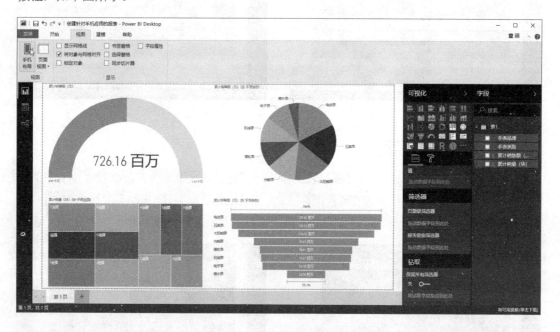

步骤02 添加视觉对象。此时可看到空白的手机画布，原始报表页上的所有视觉对象将在右侧的"可视化"窗格中显示。如果要将视觉对象添加到手机布局中，可从"可视化"窗格中选择视觉对象，并将其拖动到手机画布中，如下图所示。

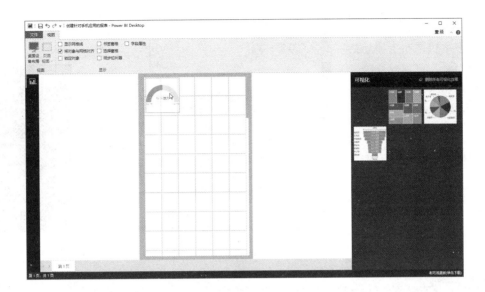

**步骤 03** 调整视觉对象的大小。在将视觉对象拖动到手机画布中时,它们将自动与画布中的网格对齐。如果添加的视觉对象的大小不便于观看,可在网格上调整视觉对象的大小,如下图所示。应用相同的方法将其他视觉对象添加到手机布局中,需要注意的是,报表中的每个视觉对象仅可在手机布局中添加一次。

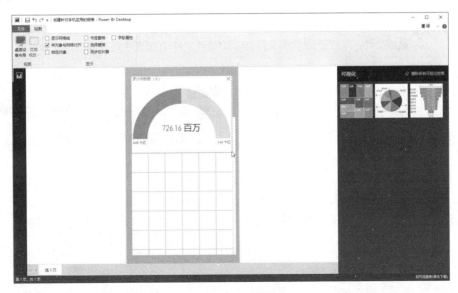

步骤 04 删除视觉对象。如果不想在手机画布上显示某个视觉对象，可将其删除。单击手机画布上某个视觉对象右上角代表删除功能的按钮，如右图所示。随后该视觉对象即从手机布局的画布中消失，并回到"可视化"窗格中，且原始报表不会受到影响。

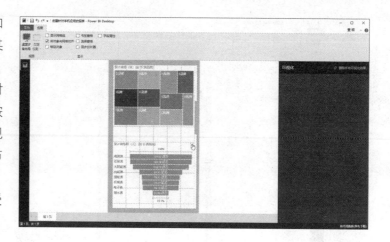

# 3.6 在报表中对齐视觉对象

为了在报表页上对齐视觉对象，可使用 Power BI Desktop 提供的网格线功能和对齐功能，确保视觉对象井井有条地排列在页面中。

◎ 原始文件：下载资源\实例文件\第3章\原始文件\在报表中对齐视觉对象.pbix
◎ 最终文件：下载资源\实例文件\第3章\最终文件\在报表中对齐视觉对象.pbix

步骤 01 显示网格线。打开原始文件，在"视图"选项卡下的"显示"组中勾选"显示网格线"和"将对象与网格对齐"复选框，如右图所示。

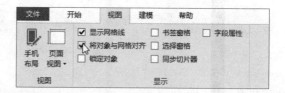

步骤 02 移动视觉对象。此时可看到Power BI Desktop画布上出现网格线，拖动视觉对象，可将其自动与网格线对齐，如下左图所示。应用相同的方法让其他视觉对象对齐网格线。

步骤 03 左对齐视觉对象。❶按住【Ctrl】键不放,选中多个要左对齐的视觉对象,❷在"可视化工具-格式"选项卡下的"排列"组中单击"对齐"按钮,❸在展开的列表中单击"左对齐"选项,如下右图所示。选中的视觉对象会自动与最左边视觉对象的左边界对齐。应用相同的方法选中其他两个视觉对象并对其进行居中对齐操作。

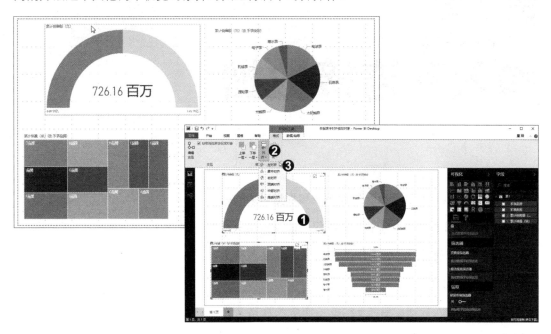

# 3.7 锁定报表中的视觉对象

默认情况下,可使用鼠标随意调整报表中的视觉对象在画布中的位置,但如果要固定视觉对象在画布中的位置,可使用 Power BI Desktop 中的锁定对象功能。

打开含有视觉对象的报表,在"视图"选项卡下的"显示"组中勾选"锁定对象"复选框,如右图所示。此时无法拖动画布中的视觉对象,也无法调整视觉对象的大小。

# 第 4 章
# 输入和连接数据

　　数据是 Power BI Desktop 创建报表和视觉对象的基础。在 Power BI Desktop 中，用户不仅可以直接输入数据内容和导入现有的 Excel 工作簿，还可以连接多种类型的数据源，如文件数据源、网页等。

　　本章将以输入数据、导入 Excel 工作簿及连接文件和网页为例，详细介绍如何在 Power BI Desktop 中获取数据。

# 4.1 在Power BI Desktop中输入数据

要想使用 Power BI Desktop 创建报表和视觉对象，就必须有相应的数据内容，而获取数据内容最直接的方法就是在该应用程序中手动输入数据，此种方法适用于数据量少的情况。

◎ 原始文件：无

◎ 最终文件：下载资源\实例文件\第4章\最终文件\输入数据.pbix

步骤01 创建表。启动Power BI Desktop，在"开始"选项卡下的"外部数据"组中单击"输入数据"按钮，如下左图所示。打开"创建表"窗口，可看到用于输入数据的行列表格，如下右图所示。

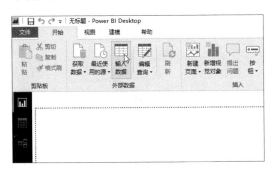
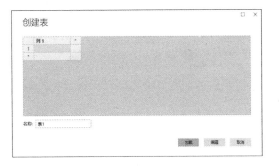

步骤02 输入数据。❶选中单元格后，直接输入列名和数据即可，❷单击行号下方的"插入行"按钮，如下左图所示。❸在插入的空白行中输入数据，应用相同的方法继续插入行并输入数据，如下右图所示。

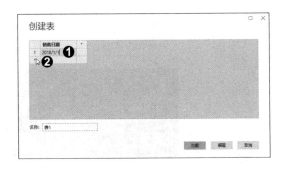
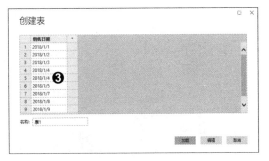

**步骤03** 删除和插入行。如果想要删除多余的行，❶可在行号上右击，❷在弹出的快捷菜单中单击"删除"命令，如下左图所示。如果要在已输入内容的行的上方再插入空白行，❸可在行号上右击，❹在弹出的快捷菜单中单击"插入"命令，如下右图所示。

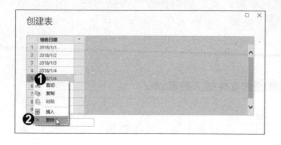
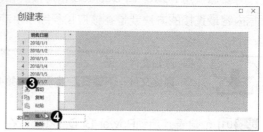

**步骤04** 插入列。❶单击列名右侧的"插入列"按钮，如下左图所示。❷在插入的空白列中输入数据，应用相同的方法继续插入列并输入数据，如下右图所示。

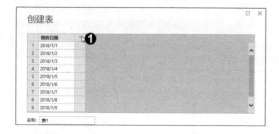
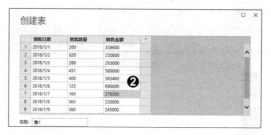

**步骤05** 完成数据的输入。❶在"名称"文本框中输入该表的名称，❷单击"加载"按钮，如下左图所示。此时会弹出"加载"对话框，展示该表正在模型中创建连接，等待一段时间后，完成表的加载，❸可在窗口右侧的"字段"窗格中看到表名称和表所包含的字段标题，如下右图所示。应用相同的方法继续插入新表并输入数据。

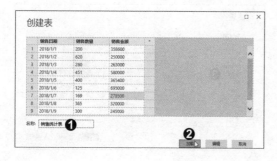

# 4.2　将Excel工作簿导入Power BI Desktop

Power BI Desktop 提供的数据输入环境较为简单，当数据较多时，直接输入不仅费时费力，还容易出错。而 Excel 的数据输入功能则要强大许多，如序列填充、数据验证等，能够又快又准地输入数据。因此，可先在 Excel 中输入数据，保存为工作簿，再将工作簿中的数据导入 Power BI Desktop 中。导入的数据与工作簿之间不存在关联，在 Excel 中修改工作簿时，不会影响 Power BI Desktop 中的数据。

◎　原始文件：下载资源\实例文件\第4章\原始文件\Excel工作簿.xlsx
◎　最终文件：下载资源\实例文件\第4章\最终文件\Excel工作簿.xlsx、将Excel工作簿导入
Power BI Desktop.pbix

步骤01 启用工具。要将Excel工作簿数据导入Power BI Desktop，首先需要在Excel工作簿中创建Power Pivot数据模型表。打开原始文件，单击"文件>选项"命令，打开"Excel选项"对话框，❶切换至"自定义功能区"选项卡，❷在"自定义功能区"列表框中勾选"Power Pivot"复选框，如下图所示。单击"确定"按钮。

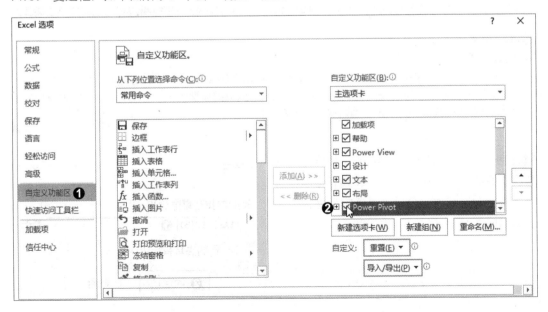

**步骤02** 添加表到数据模型。❶此时在Excel的功能区中会添加一个"Power Pivot"选项卡，
❷在该选项卡下的"表格"组中单击"添加到数据模型"按钮，如下图所示。

| 单号 | 销售日期 | 产品名称 | 成本价 (元/个) | 销售价 (元/个) | 销售数量 (个) | 产品成本 (元) | 销售收入 (元) |
|---|---|---|---|---|---|---|---|
| 201806123001 | 2018/6/1 | BACKPACK | ¥16 | ¥65 | 60 | ¥960 | ¥3,900 |
| 201806123002 | 2018/6/2 | LUGGAGE | ¥22 | ¥88 | 45 | ¥990 | ¥3,960 |
| 201806123003 | 2018/6/2 | WALLET | ¥90 | ¥187 | 50 | ¥4,500 | ¥9,350 |
| 201806123004 | 2018/6/3 | BACKPACK | ¥16 | ¥65 | 23 | ¥368 | ¥1,495 |
| 201806123005 | 2018/6/4 | HANDBAG | ¥36 | ¥147 | 26 | ¥936 | ¥3,822 |
| 201806123006 | 2018/6/4 | LUGGAGE | ¥22 | ¥88 | 85 | ¥1,870 | ¥7,480 |
| 201806123007 | 2018/6/5 | WALLET | ¥90 | ¥187 | 78 | ¥7,020 | ¥14,586 |
| 201806123008 | 2018/6/6 | WALLET | ¥90 | ¥187 | 100 | ¥9,000 | ¥18,700 |
| 201806123009 | 2018/6/6 | BACKPACK | ¥16 | ¥65 | 25 | ¥400 | ¥1,625 |
| 201806123010 | 2018/6/7 | WALLET | ¥90 | ¥187 | 36 | ¥3,240 | ¥6,732 |
| 201806123011 | 2018/6/7 | SINGLESHOULDERBAG | ¥58 | ¥124 | 63 | ¥3,654 | ¥7,812 |
| 201806123012 | 2018/6/8 | LUGGAGE | ¥22 | ¥88 | 55 | ¥1,210 | ¥4,840 |
| 201806123013 | 2018/6/8 | BACKPACK | ¥16 | ¥65 | 69 | ¥1,104 | ¥4,485 |
| 201806123014 | 2018/6/8 | SINGLESHOULDERBAG | ¥58 | ¥124 | 58 | ¥3,364 | ¥7,192 |
| 201806123015 | 2018/6/9 | WALLET | ¥90 | ¥187 | 45 | ¥4,050 | ¥8,415 |
| 201806123016 | 2018/6/9 | HANDBAG | ¥36 | ¥147 | 52 | ¥1,872 | ¥7,644 |
| 201806123017 | 2018/6/10 | SINGLESHOULDERBAG | ¥58 | ¥124 | 20 | ¥1,160 | ¥2,480 |

**技巧提示**

如果Excel工作簿中有多个表，且都需要导入Power BI Desktop中，则这些表需要一个一个
地添加到数据模型中。如果Excel工作簿中既有已添加到数据模型的表，也有没添加到数据模型的
表，则在导入时只会导入已添加到数据模型的表。

**步骤03** 创建表。打开"创建表"对话框，
❶设置好数据源，保持"我的表具有标题"
复选框的勾选状态，❷单击"确定"按钮，
如右图所示。

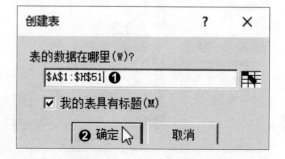

**步骤04** 完成表的添加。此时会打开Power Pivot for Excel窗口，在该窗口中可看到添加到数据模型中的数据效果，如下图所示。

**步骤05** 显示表的创建效果。在Excel窗口中也可以看到将数据表添加到模型后创建的链接表效果，如下图所示。完成表的添加和链接后，另存Excel工作簿并关闭窗口。

步骤 06 导入Excel工作簿。启动Power BI Desktop，❶单击"文件"按钮，❷在打开的视图菜单中单击"导入"命令，❸在级联列表中单击"Excel工作簿内容"选项，如下左图所示。打开"打开"对话框，❹找到创建了数据模型的工作簿的保存位置，❺选中要导入的文件，❻单击"打开"按钮，如下右图所示。

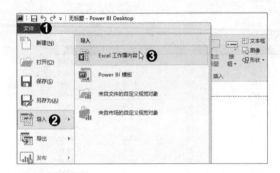
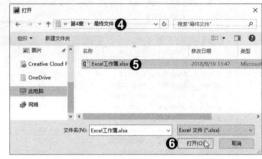

步骤 07 复制数据。打开"导入Excel工作簿内容"对话框，❶单击"启动"按钮，如下左图所示。等待一段时间后，导入完成，在"导入Excel工作簿内容"对话框中会提示Excel中的查询表和数据模型表都迁移完成，❷单击"关闭"按钮，如下右图所示。

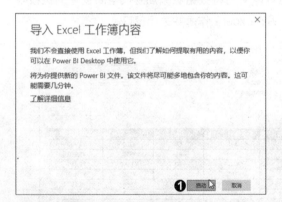
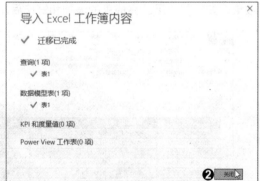

技巧提示

　　如果使用的是旧版本的Power BI Desktop，在步骤07中导入Excel工作簿内容时，在打开的对话框中可能会显示提示信息，提示用户是要将这些表中的数据复制到Power BI Desktop文件还是保持数据与原始Excel工作簿的连接，一般情况下最好单击"复制数据"按钮，这样就算是Excel

工作簿有改动，查询表也不会随之改变，如右图所示。但如果要让Excel工作簿中的表与导入Power BI Desktop中的数据存在连接关系，即当Excel工作簿中的数据有变化时，Power BI Desktop中的数据也相应变化，则可在对话框中单击"保持连接"按钮。

**步骤08** 完成导入。❶在Power BI Desktop窗口右侧的"字段"窗格中可看到加载后的表字段，如下左图所示。❷在"开始"选项卡下的"外部数据"组中单击"编辑查询"按钮，如下右图所示。

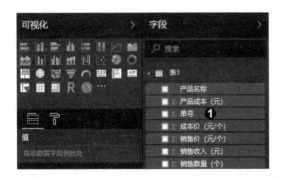

**步骤09** 查看导入的数据。进入Power Query编辑器窗口，可看到导入的Excel工作簿数据，如下图所示。

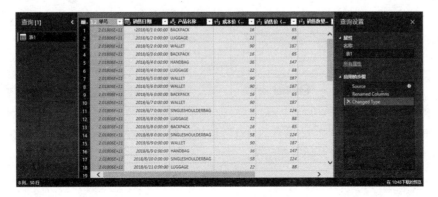

# 4.3 连接其他类型的文件数据

在 Power BI Desktop 中，除了直接输入数据和导入 Excel 工作簿数据外，还可以通过获取数据功能连接其他类型的文件数据，如 CSV、TXT、XML 等文件数据。通过此种方法创建的 Power BI Desktop 报表会在连接的数据源出现更新时随之进行改善和优化。本节以连接 TXT 文件数据为例进行详细介绍。

◎ 原始文件：下载资源\实例文件\第4章\原始文件\产品信息表.txt
◎ 最终文件：下载资源\实例文件\第4章\最终文件\连接文件数据.pbix

**步骤01** 获取数据。启动Power BI Desktop，在"开始"选项卡下的"外部数据"组中单击"获取数据"按钮，如右图所示。

**步骤02** 连接文件数据。打开"获取数据"对话框，❶切换至"文件"选项卡，❷选择要连接的文件类型，如"文本/CSV"，❸单击"连接"按钮，如下图所示。

**步骤03** 选择文件。打开"打开"对话框，❶找到文件的保存位置，❷选中要导入的文件，❸单击"打开"按钮，如下图所示。

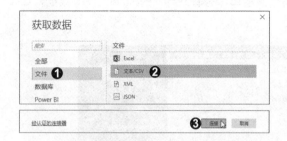

**步骤04** 加载数据。打开"产品信息表.txt"窗口，❶设置好"分隔符"和"数据类型检测"，❷单击"加载"按钮，如下图所示。

**步骤 05** 完成导入。❶完成加载后，可看到文件中的可用字段都被加载到窗口右侧的"字段"窗格中，❷在"开始"选项卡下的"外部数据"组中单击"编辑查询"按钮，如下图所示。

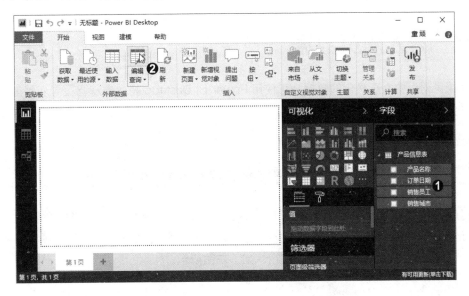

步骤06 在编辑器中查看数据。进入Power Query编辑器窗口，可看到导入的文本数据内容，如下图所示。

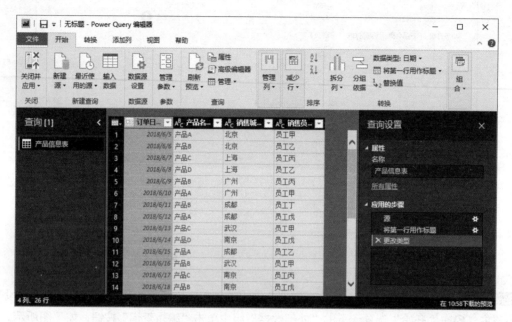

## 4.4 导入网页数据

如果某网页中有表格化的数据，可使用 Power BI Desktop 将数据从网页导入到报表中，具体的操作方法如下。

◎ 原始文件：无

◎ 最终文件：下载资源\实例文件\第4章\最终文件\导入网页数据.pbix

步骤01 连接网页数据。启动Power BI Desktop，在"开始"选项卡下的"外部数据"组中单击"获取数据"按钮，打开"获取数据"对话框，❶切换至"其他"选项卡，❷单击"Web"数据类型，❸单击"连接"按钮，如下左图所示。

**步骤02** 输入网址。打开"从Web"对话框，❶在"URL"文本框中输入网址"http://en.wikipedia.org/wiki/UEFA_European_Football_Championship"，❷单击"确定"按钮，如下右图所示。

**步骤03** 加载数据。打开"导航器"窗口，在该窗口中会显示可导入的数据表的列表，可以选择任意表名称以预览其数据。❶勾选"Results[edit]"表前的复选框，❷单击"加载"按钮，如下图所示。

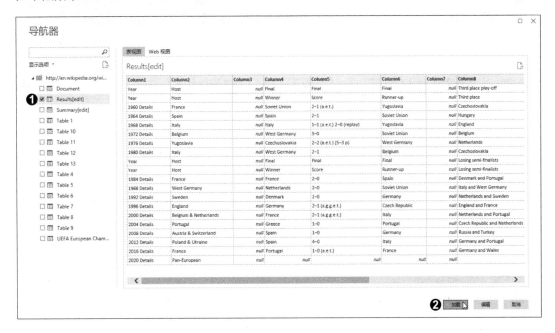

步骤 04 完成数据的导入。等待一段时间后，完成数据的加载，可在Power BI Desktop窗口右侧的"字段"窗格中看到该表中的可用字段，如下图所示。

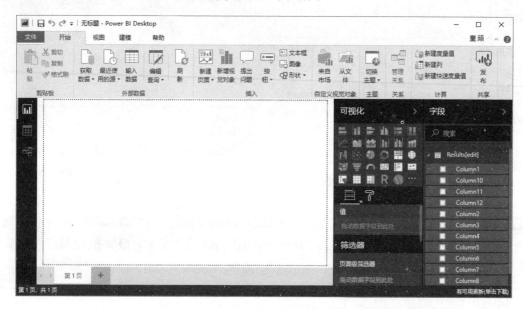

## 4.5　通过提供示例从网页采集数据

如果网页上的数据有一定的组织形式但又不是标准的表格形式，导致 Power BI Desktop 无法自动识别，可先由用户为 Power BI Desktop 提供采集数据的示例操作，Power BI Desktop 就会根据用户的操作模式自动在网页中批量采集数据。下面以采集"中国图书网"中关于 Power BI 的图书的名称和价格数据为例讲解具体操作。要说明的是，这种方法并不是对所有网页都有效，而且原先可以采集数据的网页如果因为改版等原因修改了源代码，也可能变为无法采集。

◎　原始文件：无
◎　最终文件：下载资源\实例文件\第4章\最终文件\通过提供示例从网页采集数据.pbix

**步骤01** 打开要采集数据的网页。❶打开网页浏览器，在地址栏中输入"中国图书网"的网址
"http://www.bookschina.com/"，按【Enter】键，打开网站的首页，❷在搜索框中输入搜
索关键词"Power BI"，❸单击"搜索"按钮，如下图所示。

**步骤02** 复制网址。在搜索结果网页中可看到找到了16种图书，❶单击"出版时间"按钮，
将搜索结果按出版时间降序排序，❷排序完成后，在浏览器的地址栏中选中当前网址，按
【Ctrl+C】组合键，将网址复制到剪贴板，如下图所示。

**步骤03** 启动导入网页数据功能。启动Power BI Desktop，❶在"开始"选项卡下的"外部数据"组中单击"获取数据"下三角按钮，❷在展开的列表中单击"Web"选项，如下图所示。

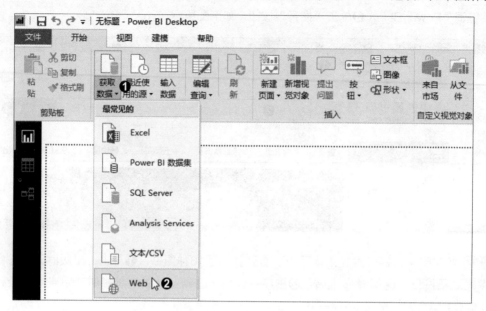

**步骤04** 粘贴网址。弹出"从Web"对话框，❶在"URL"文本框中按【Ctrl+V】组合键，将之前复制的网址粘贴进来，❷单击"确定"按钮，如下图所示。

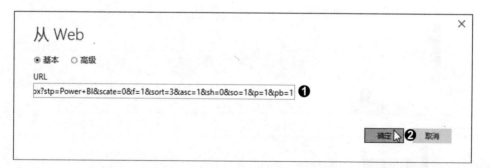

**步骤05** 启动使用示例添加表功能。打开"导航器"对话框，可看到在粘贴的网址对应的网页中未检测到可导入的表数据，因此单击左下角的"使用示例添加表"按钮，如下图所示。

**步骤 06** 增加空白列。弹出"从 Web"对话框，❶在预览区滚动网页，显示出要采集的第 1 本书的信息，❷单击 2 次"列 1"右侧的"插入列"按钮，增加 2 个空白列，❸单击第 1 行第 1 列的单元格，如下图所示。

**步骤 07** 输入并选择数据内容。❶输入第 1 本书的书名关键词"商业智能"，在弹出的列表中可看到相关的数据内容，❷双击选择第 1 条数据作为采集对象，如下图所示。用相同方法在第 1 行的第 2 列和第 3 列中采集第 1 本书的定价和折扣价。

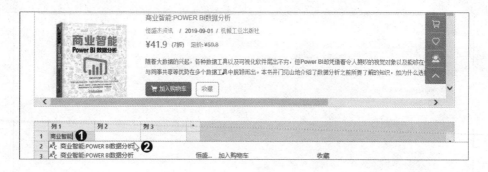

**步骤08** 继续提供示例。如果采集完第1本书的数据后软件没有自动采集剩余图书的数据，❶用相同方法在第2行第1列中输入第2本书的书名关键词，❷在弹出的列表中双击对应的采集对象，如下图所示。

**步骤09** 自动采集数据内容。❶单击第2行第2列的单元格，❷可看到自动在第1列中采集了网页中所有图书的书名数据，如下图所示。

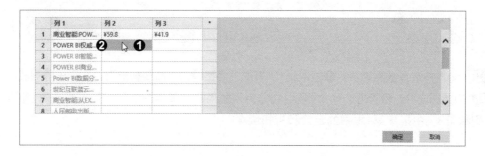

步骤 10 完成数据的采集。❶应用相同的方法采集网页中所有图书的定价和折扣价数据，❷分别双击列名，将列名更改为"书名""定价""折扣价"，❸完成后单击"确定"按钮，如下图所示。

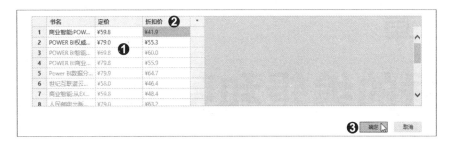

步骤 11 编辑表。返回"导航器"对话框，❶单击"自定义表[1]"下的网址，❷可看到"表视图"中显示导入的数据效果，❸如果觉得表没有问题，可单击"加载"按钮，如下图所示。如果想要打开Power Query编辑器整理表中的数据，则单击"编辑"按钮。

**技巧提示**

在步骤05中，如果在"导航器"对话框中未找到"使用示例添加表"按钮，则需将Power BI Desktop升级到最新版。

# 第 5 章
# 数据的编辑和整理

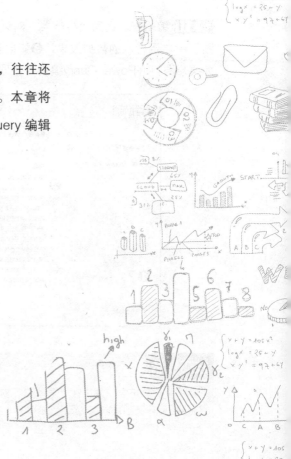

在 Power BI Desktop 中完成数据的输入或导入后，往往还要按照数据分析的需求编辑和整理输入或导入的数据。本章将主要介绍如何通过 Power BI Desktop 自带的 Power Query 编辑器整理输入或导入的数据，并清理格式不规则的数据。

# 5.1　了解Power Query编辑器

在 Power BI Desktop 中，数据的编辑与整理是使用 Power Query 编辑器来完成的。该编辑器是一款功能强大的工具，可让数据变得更加规范，为数据的可视化打好基础。

在 Power BI Desktop 的"开始"选项卡下单击"编辑查询"按钮，可打开 Power Query 编辑器。下图所示为在"产品统计表 .pbix"文件中打开的 Power Query 编辑器界面，界面中各部分的名称和功能如下表所示。

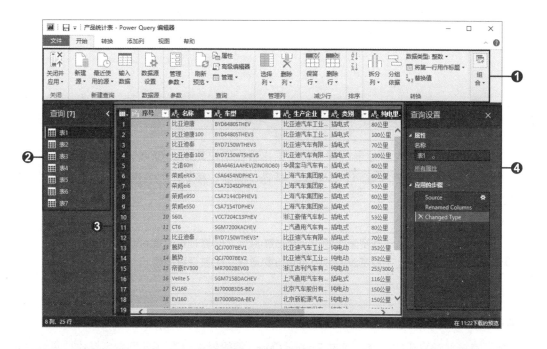

| 序号 | 名称 | 功能 |
|:---:|:---:|---|
| ❶ | 功能区 | 以选项卡和组的形式分类组织功能按钮，便于用户快速找到所需功能 |
| ❷ | "查询"窗格 | 列出了加载至 Power BI Desktop 的所有查询表的名称，并显示表的总数 |

续表

| 序号 | 名称 | 功能 |
|------|------|------|
| ❸ | 数据编辑区 | 显示"查询"窗格中选中的表的数据,在该区域中可以更改数据类型、替换值、拆分列等 |
| ❹ | "查询设置"窗格 | 列出了查询的属性和应用的步骤,在对窗口中的表或数据进行了整理后,每个步骤都将出现在该窗格的"应用的步骤"列表中。在该列表中可以撤销或查看特定的步骤。通过右击列表中的某个具体步骤,可以对步骤执行重命名、删除、上移、下移等操作 |

# 5.2 在编辑器中整理查询表

了解完 Power Query 编辑器的界面,下面接着介绍在 Power Query 编辑器中整理查询表的基本操作,包括查询表的重命名、复制、插入、删除、移动,以及通过组对查询表进行归类管理。

◎ 原始文件:下载资源\实例文件\第5章\原始文件\整理查询表.pbix
◎ 最终文件:下载资源\实例文件\第5章\最终文件\整理查询表.pbix

## 5.2.1 重命名表

为了直接标识出表的内容,可在 Power Query 编辑器中对表进行重命名操作。具体方法有两种,下面分别介绍。

步骤 01 用快捷菜单重命名表。打开原始文件,在"开始"选项卡下单击"编辑查询"按钮,打开Power Query编辑器,❶在左侧的"查询"窗格中右击要重命名的表,❷在弹出的快捷菜单中单击"重命名"命令,如下左图所示。❸此时表名呈可编辑的状态,如下右图所示。输入新的表名,按下【Enter】键,完成表的重命名。

 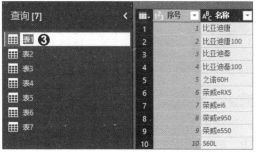

**步骤 02** 通过双击重命名表。除了用以上方法重命名表，❶还可以在"查询"窗格中双击要重命名的表，如下左图所示。随后表名也会呈可编辑的状态，输入新的表名，按下【Enter】键即可。应用以上两种方法中的任意一种，继续为其他表重命名。完成重命名操作后，如果要将命名结果应用到Power BI Desktop的"字段"窗格中，❷还需要在Power Query编辑器的"开始"选项卡下的"关闭"组中单击"关闭并应用"下三角按钮，❸在展开的列表中单击"应用"选项，如下右图所示。

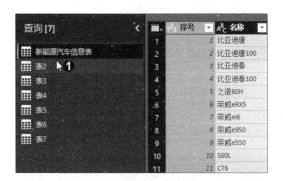 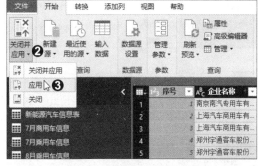

**步骤 03** 查看表的重命名效果。返回Power BI Desktop窗口，可在右侧的"字段"窗格中看到表的重命名效果，如右图所示。

## 5.2.2 复制表

如果要创建的表与已经加载到 Power BI Desktop 中的表在内容和格式上变化不大，可直接通过编辑器中的复制功能来完成新表的制作，这样既能够提高工作效率，又可以避免出错。

步骤01 复制粘贴表。继续上小节中的操作，❶在"查询"窗格中右击要复制的表，❷在弹出的快捷菜单中单击第一个"复制"命令，如下左图所示。❸在"查询"窗格下的任意位置右击，❹在弹出的快捷菜单中单击"粘贴"命令，如下右图所示。随后可在"查询"窗格中看到一个新增的名为"新能源汽车信息表（2）"的表，该表的内容和源表的内容相同。

步骤02 复制表。除了用以上方法复制表，❶还可以右击要复制的表，❷在弹出的快捷菜单中单击第二个"复制"命令，如下左图所示。❸此时"查询"窗格中将直接新增一个名为"7月乘用车信息（2）"的表，如下右图所示。

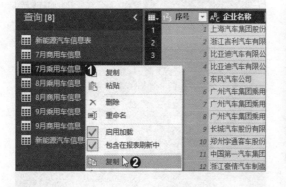

步骤03 查看复制表的效果。在Power Query编辑器的"开始"选项卡下单击"关闭并应用"下三角按钮,在展开的列表中单击"应用"选项,可将Power Query编辑器中的更改应用到Power BI Desktop中,在Power BI Desktop窗口右侧的"字段"窗格中可看到复制表后的效果,如右图所示。

## 5.2.3 插入、删除表

插入表的方法有好几种,最常用的是通过 Power Query 编辑器中的新建源功能来加载。由于该方法与第 4 章中介绍的数据的连接方法类似,本小节不再具体讲解,而是介绍如何在 Power Query 编辑器中直接创建表。如果要删除多余的表,也可以在 Power Query 编辑器中进行。

步骤01 插入表。继续上小节中的操作,在Power Query编辑器中的"开始"选项卡下单击"新建查询"组中的"输入数据"按钮,打开"创建表"对话框,❶输入表数据,❷输入"名称"为"备用信息表",❸单击"确定"按钮,如下图所示。

创建表

| | 序号 | 名称 | 车型 | 类别 | 里程 | |
|---|---|---|---|---|---|---|
| 1 | 1 | 东风 | | 纯电动 | 265公里 | |
| 2 | 2 | 畅达 | | 纯电动 | 250公里 | |
| 3 | 3 | 比亚迪 | ❶ | 纯电动 | 250公里 | |
| 4 | 4 | 纯电动邮政车 | | 纯电动 | 250公里 | |
| 5 | 5 | 安凯纯电动客车 | | 纯电动 | 275公里 | |
| 6 | 6 | 纯电动厢式运输车 | | 纯电动 | 85公里 | |
| 7 | 7 | 纯电动厢式运输车 | | 纯电动 | 223公里 | |
| 8 | 8 | 纯电动厢式运输车 | | 纯电动 | 213公里 | |
| 9 | 9 | 大通EV80 | | 纯电动 | 345公里 | |
| 10 | 10 | 纯电动客车 | | 纯电动 | 210公里 | |
| 11 | 11 | 纯电动客车 | | 纯电动 | 280公里 | |

名称: 备用信息表 ❷

❸

确定    取消

步骤02 查看插入的表数据。返回Power Query编辑器中，可看到"查询"窗格中新增了一个
名为"备用信息表"的表，在数据编辑区可看到表中的内容，如下图所示。

| 查询 [10] | 序号 | 名称 | 车型 | 类别 | 里程 |
|---|---|---|---|---|---|
| 新能源汽车信息表 | 1 | 1 东风 | | 纯电动 | 265公里 |
| 7月商用车信息 | 2 | 2 畅达 | | 纯电动 | 250公里 |
| 7月乘用车信息 | 3 | 3 比亚迪 | | 纯电动 | 250公里 |
| 8月乘用车信息 | 4 | 4 纯电动邮政车 | | 纯电动 | 250公里 |
| 8月商用车信息 | 5 | 5 安凯纯电动… | | 纯电动 | 275公里 |
| 9月乘用车信息 | 6 | 6 纯电动厢式… | | 纯电动 | 85公里 |
| 9月商用车信息 | 7 | 7 纯电动厢式… | | 纯电动 | 223公里 |
| 新能源汽车信息表 (2) | 8 | 8 纯电动厢式… | | 纯电动 | 213公里 |
| 7月乘用车信息表 (2) | 9 | 9 大通EV80 | | 纯电动 | 345公里 |
| 备用信息表 | 10 | 10 纯电动客车 | | 纯电动 | 210公里 |
| | 11 | 11 纯电动客车 | | 纯电动 | 280公里 |

5列，11行

步骤03 删除表。如果不需要某个表了，❶可在"查询"窗格中右击该表名，❷在弹出的快捷
菜单中单击"删除"命令，如下左图所示。打开"删除查询"对话框，提示用户是否确定要
删除该表，直接单击"删除"按钮。❸在"查询"窗格中可看到删除的表已经不存在了，应
用相同的方法删除其他不需要的表，效果如下右图所示。

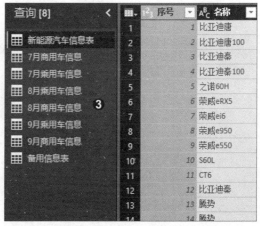

**技巧提示**

如果要同时删除多个表，可按住【Ctrl】键选中多个表，然后右击，在弹出的快捷菜单中单击"删除"命令即可。

## 5.2.4　移动表位置

当需要调整"查询"窗格中表的位置时，可使用"上移"或"下移"命令来完成，也可使用鼠标拖动方式来完成。本小节将对这两种方法进行介绍。

步骤01 移动表位置。继续上小节中的操作，❶在"查询"窗格中右击要移动的表，❷在弹出的快捷菜单中单击"下移"命令，如右图所示。随后该表将下移一个位置。应用菜单中的"上移"命令则可将表上移。

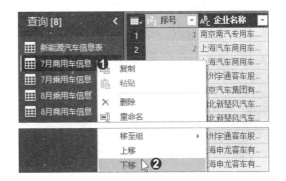

步骤02 拖动表位置。除了用以上方法移动表位置，❶还可以在"查询"窗格中选中表，如选中"备用信息表"，❷按住鼠标左键不放拖动至需要移动到的位置，如下左图所示。❸释放鼠标后，可看到移动后的效果，如下右图所示。

## 5.2.5 新建、删除组

为了使Power Query编辑器中的表更便于查看，可使用组对表进行分类组织和管理。此外，在编辑器中还可对组进行删除、折叠、展开等操作。

步骤01 新建组。继续上小节中的操作，❶在"查询"窗格中右击要移动到新建组的表，❷在弹出的快捷菜单中单击"移至组>新建组"命令，如下左图所示。打开"新建组"对话框，❸在"名称"文本框中输入新建组的名称，❹单击"确定"按钮，如下右图所示。即可将选中的表移至新建的"乘用车信息"组中，而其他表将自动移至"其他查询"组中。

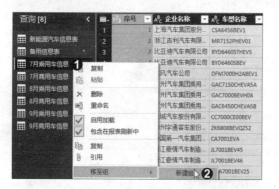
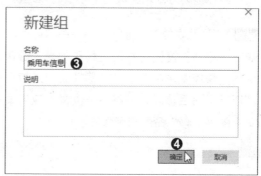

步骤02 移动表的组位置。❶右击其他要移动到新建组的表，❷在弹出的快捷菜单中单击"移至组>乘用车信息"命令，如下左图所示。❸应用相同的方法将"9月乘用车信息"表也移动到"乘用车信息"组中。继续新建组和移动表位置，将同类的表放置在一个组中，得到如下右图所示的效果。

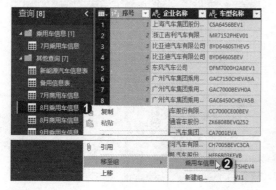

**步骤03** 删除组。❶在组名上右击，❷在弹出的快捷菜单中单击"删除组"命令，如右图所示。弹出"删除组"对话框，提示用户在删除此组的同时也将删除此组中的所有查询表，单击"删除"按钮，即可删除该组及该组中的表。

## 技巧提示

在对"其他查询"组进行删除操作时，将只删除该组中的表，而组将继续存在；但如果删除的组为新建组，则组及组中的表都将被删除。此外，"其他查询"组的组名无法更改，而新建组的组名如果不合适，还可以重命名。

**步骤04** 折叠、展开组。如果要折叠组，❶可单击组左侧代表折叠功能的按钮，如下左图所示，应用相同的方法可折叠其他组。如果要展开折叠的组，除了可以单击组左侧代表展开功能的按钮，❷还可以右击组名，❸在弹出的快捷菜单中单击"全部展开"命令，如下右图所示。

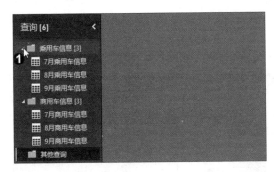
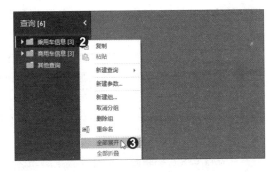

**步骤05** 取消分组。如果要返回未分组时的效果，❶可在组名上右击，❷在弹出的快捷菜单中单击"取消分组"命令，如下左图所示。❸应用相同的方法取消其他分组，效果如下右图所示。

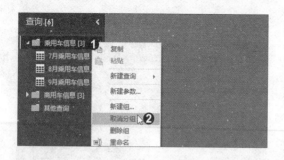

# 5.3 清理格式不规则的数据

当 Power BI Desktop 连接的数据源存在数据类型不准确、含有重复项和错误值、标题位置不对等一系列格式不规则的情况时，可通过 Power Query 编辑器提供的更改数据类型、删除和替换重复项、转置行列等功能，对数据进行清理操作。

## 5.3.1 更改数据类型

当数据格式存在错误或者数据中的字母大小写不符合实际的工作需求时，可使用更改类型和转换功能快速调整数据格式和字母大小写。

◎ 原始文件：下载资源\实例文件\第5章\原始文件\更改数据类型.pbix
◎ 最终文件：下载资源\实例文件\第5章\最终文件\更改数据类型.pbix

步骤01 更改数据类型。打开原始文件，在"开始"选项卡下单击"编辑查询"按钮，打开Power Query编辑器，可看到数据编辑区中的"单号"列数据格式显示不正确，需要进行调整，❶右击该列的列标题，❷在弹出的快捷菜单中单击"更改类型>文本"命令，如右图所示。

步骤02 替换当前的转换。打开"更改列类型"对话框，单击"替换当前转换"按钮，如右图所示。

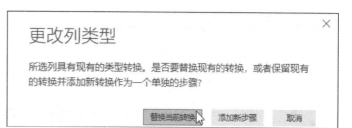

步骤03 转换字母大小写。可看到更改数据类型后的效果。如果要将"产品名称"列中字母全部为大写的词转换为只有首字母为大写的词，❶可右击该列的列标题，❷在弹出的快捷菜单中单击"转换>每个字词首字母大写"命令，如右图所示。

步骤04 查看最终的转换效果。应用相同的方法将"销售日期"列的数据类型转换为日期格式。完成上述操作后，可在数据编辑区中看到更改和转换效果，在右侧的"查询设置"窗格中可看到上述操作的步骤记录，如右图所示。

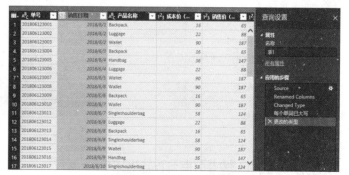

### 技巧提示

如果在 **Power Query** 编辑器中对数据执行了错误的操作或多余的操作，想要撤销该操作，可在右侧的"查询设置"窗格中单击该操作前代表删除功能的按钮来删除该操作。

### 5.3.2 删除重复项和错误值

如果连接的数据源存在重复项和错误值，可在 Power Query 编辑器中将其删除，具体方法如下。

◎ 原始文件：下载资源\实例文件\第5章\原始文件\删除重复项和错误值.xlsx
◎ 最终文件：下载资源\实例文件\第5章\最终文件\删除重复项和错误值.pbix

启动 Power BI Desktop，通过获取数据功能将原始文件中的 Excel 工作簿连接到该应用程序中。由于原始文件中存在错误值，在获取数据的过程中会弹出一个"加载"对话框，单击"关闭"按钮关闭该对话框。在"开始"选项卡下单击"编辑查询"按钮，打开 Power Query 编辑器，更改第一列的数据类型并转换第三列的字母大小写。可看到处于第一列的"单号"列中存在重复的单号值，❶右击该列的列标题，❷在弹出的快捷菜单中单击"删除重复项"命令，如下左图所示。❸右击含有错误值（显示为"Error"）的列的列标题，❹在弹出的快捷菜单中单击"删除错误"命令，如下右图所示。

### 5.3.3 替换数据值和错误值

如果要替换某列中的数据值和错误值，可直接在 Power Query 编辑器中进行替换操作，具体方法如下。

◎ 原始文件：下载资源\实例文件\第5章\原始文件\替换数据值和错误值.xlsx
◎ 最终文件：下载资源\实例文件\第5章\最终文件\替换数据值和错误值.pbix

步骤 01 启动替换值功能。在Power BI Desktop 中通过获取数据功能将原始文件中的Excel工作簿连接到该应用程序中。由于原始文件中存在错误值，在获取数据的过程中会弹出一个"加载"对话框，单击"关闭"按钮关闭该对话框。在"开始"选项卡下单击"编辑查询"按钮，打开Power Query编辑器，更改第一列的数据类型并转换第三列的字母大小写。❶右击要替换数据所在列的列标题，❷在弹出的快捷菜单中单击"替换值"命令，如右图所示。

步骤 02 输入查找和替换值。打开"替换值"对话框，❶在"要查找的值"和"替换为"文本框中分别输入要查找的值和替换值，❷单击"确定"按钮，如下图所示。

步骤 03 替换错误值。❶右击错误值所在列的列标题，❷在弹出的快捷菜单中单击"替换错误"命令，如右图所示。

步骤 04 输入用于替换错误的值。打开"替换错误"对话框，❶在文本框中输入用于替换错误的值，❷单击"确定"按钮，如下图所示。

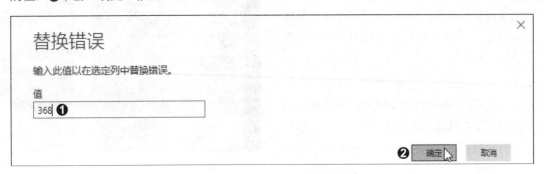

步骤 05 查看替换效果。可在编辑器窗口中查看替换后的效果，如下图所示。

| | ABC 单号 | ⊞ 销售日… | ABC 产品名称 | 1²₃ 成本价（… | 1²₃ 销售价（… | 1²₃ 销售数量… | 1²₃ 产品成本… | 1²₃ 销售收入… |
|---|---|---|---|---|---|---|---|---|
| 1 | 201806123001 | 2018/6/1 | Backpack | 16 | 65 | 60 | 960 | 3900 |
| 2 | 201806123002 | 2018/6/2 | Luggage | 22 | 88 | 45 | 990 | 3960 |
| 3 | 201806123003 | 2018/6/2 | Wallet | 90 | 187 | 50 | 4500 | 9350 |
| 4 | 201806123004 | 2018/6/3 | Backpack | 16 | 65 | 23 | 368 | 1495 |
| 5 | 201806123005 | 2018/6/4 | Handbag | 36 | 147 | 26 | 936 | 3822 |
| 6 | 201806123006 | 2018/6/4 | Luggage | 22 | 88 | 85 | 1870 | 7480 |
| 7 | 201806123007 | 2018/6/5 | Wallet | 90 | 187 | 78 | 7020 | 14586 |
| 8 | 201806123008 | 2018/6/6 | Wallet | 90 | 187 | 100 | 9000 | 18700 |
| 9 | 201806123009 | 2018/6/6 | Backpack | 16 | 65 | 25 | 400 | 1625 |
| 10 | 201806123010 | 2018/6/7 | Wallet | 90 | 187 | 36 | 3240 | 6732 |
| 11 | 201806123011 | 2018/6/7 | Pockets | 58 | 124 | 63 | 3654 | 7812 |
| 12 | 201806123012 | 2018/6/8 | Luggage | 22 | 88 | 55 | 1210 | 4840 |
| 13 | 201806123013 | 2018/6/8 | Backpack | 16 | 65 | 69 | 1104 | 4485 |

## 5.3.4 将第一行用作标题

虽然几乎任何格式的数据都可以导入 Power BI Desktop，但对该应用程序的视觉对象和建模工具来说最适用的还是列式数据。如果数据源中的数据不是简单的列式，可以使用 Power Query 编辑器中的"将第一行用作标题"功能提升数据标题。

◎ 原始文件：下载资源\实例文件\第5章\原始文件\产品统计表.xlsx
◎ 最终文件：下载资源\实例文件\第5章\最终文件\将第一行用作标题.pbix

步骤01 查看数据源。打开原始文件，可看到要连接的Excel工作簿数据源的列标题处于第3
行，如下图所示。

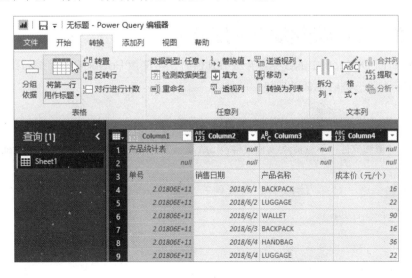

步骤02 启动"将第一行用作标题"功能。启动Power BI Desktop，通过获取数据功能将原始
文件连接到该应用程序中。在"开始"选项卡下单击"编辑查询"按钮，进入Power Query
编辑器，可看到获取Excel工作簿数据后，标题没有显示在列标题中，在"转换"选项卡下的
"表格"组中单击"将第一行用作标题"按钮，如下图所示。

步骤 03 查看设置效果。可看到数据编辑区中含有标题的行数据被向上提升，继续单击"将第一行用作标题"按钮，直至含有标题的行数据提升为列标题，随后更改第一列的数据类型，转换第三列的字母大小写，得到如下图所示的数据效果。

| | A<sup>B</sup><sub>C</sub> 单号 | 销售日... | A<sup>B</sup><sub>C</sub> 产品名称 | 1²₃ 成本价（... | 1²₃ 销售价（... | 1²₃ 销售数量... |
|---|---|---|---|---|---|---|
| 1 | 201806123001 | 2018/6/1 | Backpack | 16 | 65 | 60 |
| 2 | 201806123002 | 2018/6/2 | Luggage | 22 | 88 | 45 |
| 3 | 201806123003 | 2018/6/2 | Wallet | 90 | 187 | 50 |
| 4 | 201806123004 | 2018/6/3 | Backpack | 16 | 65 | 23 |
| 5 | 201806123005 | 2018/6/4 | Handbag | 36 | 147 | 26 |
| 6 | 201806123006 | 2018/6/4 | Luggage | 22 | 88 | 85 |
| 7 | 201806123007 | 2018/6/5 | Wallet | 90 | 187 | 78 |
| 8 | 201806123008 | 2018/6/6 | Wallet | 90 | 187 | 100 |
| 9 | 201806123009 | 2018/6/6 | Backpack | 16 | 65 | 25 |
| 10 | 201806123010 | 2018/6/7 | Wallet | 90 | 187 | 36 |
| 11 | 201806123011 | 2018/6/7 | Singleshoulderbag | 58 | 124 | 63 |
| 12 | 201806123012 | 2018/6/8 | Luggage | 22 | 88 | 55 |
| 13 | 201806123013 | 2018/6/8 | Backpack | 16 | 65 | 69 |
| 14 | 201806123014 | 2018/6/8 | Singleshoulderbag | 58 | 124 | 58 |
| 15 | 201806123015 | 2018/6/9 | Wallet | 90 | 187 | 45 |
| 16 | 201806123016 | 2018/6/9 | Handbag | 36 | 147 | 52 |

## 5.3.5 为相邻单元格填充数据值

当 Power BI Desktop 中的数据源存在 null 值时，可使用 Power Query 编辑器中的填充功能将 null 值变为所选中相邻单元格中的值。

◎ 原始文件：下载资源\实例文件\第5章\原始文件\销售金额数据.xlsx
◎ 最终文件：下载资源\实例文件\第5章\最终文件\为相邻单元格填充数据值.pbix

步骤 01 查看数据源。打开原始文件，可看到要连接的Excel工作簿数据源中存在跨多行的合并单元格，如下图所示。

| | | 2010年 | 2011年 | 2012年 | 2013年 | 2014年 | 2015年 | 2016年 | 2017年 | 2018年 |
|---|---|---|---|---|---|---|---|---|---|---|
| | 旅行箱 | ¥36,000 | ¥21,000 | ¥23,000 | ¥36,000 | ¥25,870 | ¥25,000 | ¥20,100 | ¥30,000 | ¥36,000 |
| 上海 | 斜挎包 | ¥25,000 | ¥25,400 | ¥25,000 | ¥24,500 | ¥54,700 | ¥63,000 | ¥10,000 | ¥22,000 | ¥45,000 |
| | 手提包 | ¥45,000 | ¥24,000 | ¥25,040 | ¥21,000 | ¥65,000 | ¥48,000 | ¥20,000 | ¥14,000 | ¥40,000 |
| | 旅行箱 | ¥62,000 | ¥12,000 | ¥25,600 | ¥45,000 | ¥89,500 | ¥26,000 | ¥30,000 | ¥15,000 | ¥25,700 |
| 北京 | 斜挎包 | ¥45,000 | ¥23,000 | ¥14,800 | ¥25,400 | ¥65,000 | ¥47,800 | ¥65,000 | ¥62,000 | ¥25,600 |
| | 手提包 | ¥32,000 | ¥62,000 | ¥26,300 | ¥21,000 | ¥58,000 | ¥56,200 | ¥36,000 | ¥16,000 | ¥35,000 |
| | 旅行箱 | ¥14,500 | ¥22,000 | ¥23,000 | ¥20,250 | ¥50,000 | ¥63,200 | ¥24,500 | ¥48,000 | ¥78,200 |
| 深圳 | 斜挎包 | ¥26,300 | ¥25,000 | ¥25,400 | ¥25,000 | ¥88,500 | ¥14,500 | ¥26,300 | ¥18,000 | ¥25,600 |
| | 手提包 | ¥20,000 | ¥54,000 | ¥85,000 | ¥85,000 | ¥26,500 | ¥25,000 | ¥23,600 | ¥26,000 | ¥26,200 |
| | 旅行箱 | ¥25,400 | ¥23,000 | ¥24,500 | ¥21,000 | ¥36,500 | ¥47,810 | ¥24,500 | ¥23,000 | ¥25,000 |
| 成都 | 斜挎包 | ¥36,200 | ¥25,000 | ¥36,500 | ¥22,500 | ¥45,700 | ¥25,000 | ¥58,000 | ¥28,000 | ¥28,800 |
| | 手提包 | ¥25,000 | ¥23,100 | ¥24,100 | ¥45,100 | ¥25,000 | ¥63,000 | ¥52,000 | ¥28,600 | ¥28,600 |
| | 旅行箱 | ¥36,000 | ¥36,000 | ¥26,000 | ¥45,000 | ¥36,000 | ¥58,000 | ¥78,000 | ¥96,000 | ¥65,000 |
| 广州 | 斜挎包 | ¥14,500 | ¥25,400 | ¥48,000 | ¥36,000 | ¥25,400 | ¥46,200 | ¥36,200 | ¥85,200 | ¥26,550 |
| | 手提包 | ¥26,300 | ¥36,000 | ¥36,000 | ¥56,200 | ¥18,590 | ¥62,000 | ¥48,000 | ¥45,200 | ¥55,400 |

**步骤02** 向下填充数据。启动Power BI Desktop，将原始文件连接到该应用程序中。在"开始"选项卡下单击"编辑查询"按钮，进入Power Query编辑器，可看到Excel工作簿中跨多行的合并单元格数据不能正常导入，会出现null值。❶单击含有null值的列的列标题，选中该列，❷在"转换"选项卡下的"任意列"组中单击"填充"按钮，❸在展开的列表中单击"向下"选项，如下图所示。

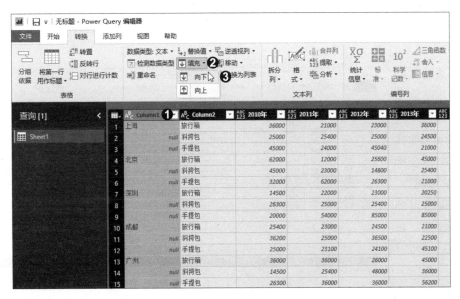

步骤 03 查看填充效果。此时可以看到所选列中原先含有null值的单元格被填充上了上方相邻单元格中的值，如右图所示。

| | ABC Column1 | ABC Column2 | ABC 2010年 | ABC 2011年 | ABC 2012年 | ABC 2013年 | ABC 2014年 |
|---|---|---|---|---|---|---|---|
| 1 | 上海 | 旅行箱 | 36000 | 21000 | 23000 | 36000 | 25870 |
| 2 | 上海 | 斜挎包 | 25000 | 25400 | 25000 | 24500 | 54700 |
| 3 | 上海 | 手提包 | 45000 | 24000 | 45040 | 21000 | 65000 |
| 4 | 北京 | 旅行箱 | 62000 | 12000 | 25600 | 45000 | 89500 |
| 5 | 北京 | 斜挎包 | 45000 | 23000 | 14800 | 25400 | 65000 |
| 6 | 北京 | 手提包 | 32000 | 62000 | 26300 | 21000 | 58000 |
| 7 | 深圳 | 旅行箱 | 14500 | 22000 | 23000 | 20250 | 50000 |
| 8 | 深圳 | 斜挎包 | 26300 | 25000 | 25400 | 25000 | 88500 |
| 9 | 深圳 | 手提包 | 20000 | 54000 | 85000 | 85000 | 26500 |
| 10 | 成都 | 旅行箱 | 25400 | 23000 | 24500 | 21000 | 36500 |
| 11 | 成都 | 斜挎包 | 36200 | 25000 | 36500 | 22500 | 45700 |
| 12 | 成都 | 手提包 | 25000 | 23100 | 24100 | 45100 | 25000 |
| 13 | 广州 | 旅行箱 | 36000 | 36000 | 26000 | 45000 | 36000 |
| 14 | 广州 | 斜挎包 | 14500 | 25400 | 48000 | 36000 | 25400 |
| 15 | 广州 | 手提包 | 26300 | 36000 | 36000 | 56200 | 18590 |

## 5.3.6 转置行列数据

当数据源连接到 Power BI Desktop 后的行列展示效果不符合最优的查看方式时，使用 Power Query 编辑器中的转置功能可以对数据进行翻转，即将列变为行，将行变为列，从而让数据转换为 Power BI Desktop 更容易处理的格式。

◎ 原始文件：下载资源\实例文件\第5章\原始文件\销售表.xlsx
◎ 最终文件：下载资源\实例文件\第5章\最终文件\转置行列数据.pbix

步骤 01 查看数据源。打开原始文件，可看到要连接的Excel工作簿数据源中存在跨多个列的标题，这不是最适用的单列式数据，如右图所示。

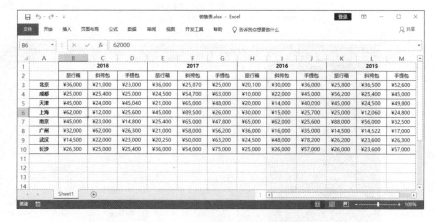

**步骤 02** 转置行列数据。启动Power BI Desktop，将原始文件连接到该应用程序中。在"开始"选项卡下单击"编辑查询"按钮，进入Power Query编辑器，可看到Excel工作簿中的跨多列标题不能正常导入，会出现null值，而且该null值不能通过填充功能填充。在"转换"选项卡下的"表格"组中单击"转置"按钮，将表中的行变为列，将列变为行，如下图所示。

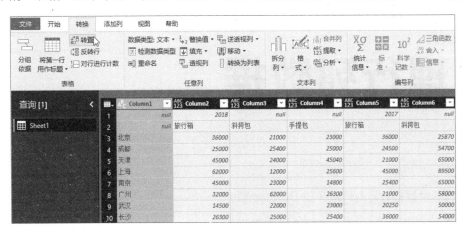

**步骤 03** 反转行数据。转置行列数据后，在数据编辑区中进行将第一行用作标题的操作，并使用填充功能填充null值。由于第一列的年份数据没有从小到大地显示，此时可在"转换"选项卡下的"表格"组中单击"反转行"按钮，如下图所示，即可让数据编辑区中的行数据出现反转，最后一行变为了第一行。

# 第6章
# 管理行列数据

在将各种数据源导入Power BI Desktop后，利用功能强大的 Power Query 编辑器不仅可以轻松地编辑和整理数据，还可以通过简易的操作管理行列数据，如删除行列数据、合并和拆分列数据、添加列数据等。本章将主要介绍如何在 Power Query 编辑器中管理加载的行列数据。

# 6.1　行数据的基本操作

行数据的基本操作主要包括行数据信息的查看、保留和删除行、排序和筛选行数据，本节将对以上这些行数据的基本操作进行详细介绍。

## 6.1.1　查看整行的数据信息

当 Power Query 编辑器中的行列数较多时，通过拖动滚动条可以查看被遮挡的行列数据信息。但如果想要更加迅速、精准地查看某行中所有单元格的数据信息，则可通过选中行号的方法来实现。

打开"行数据信息 .pbix"文件，进入 Power Query 编辑器，在数据编辑区中选中要查看行的行号，如单击行号"13"，可在数据编辑区的下方看到该行中所有单元格的详细数据，如下图所示。

| | 序号 | 名称 | 车型 | 生产企业 | 类别 | 纯电里... | 电池容... | 电池企业 |
|---|---|---|---|---|---|---|---|---|
| 1 | 1 | 比亚迪唐 | BYD6480STHEV | 比亚迪汽车工业... | 插电式 | 80公里 | 18.5度 | 惠州比亚迪电池有... |
| 2 | 2 | 比亚迪唐100 | BYD6480STHEV3 | 比亚迪汽车工业... | 插电式 | 100公里 | 22.8度 | 惠州比亚迪电池有... |
| 3 | 3 | 比亚迪秦 | BYD7150WTHEV3 | 比亚迪汽车有限... | 插电式 | 70公里 | 13度 | 惠州比亚迪电池有... |
| 4 | 4 | 比亚迪秦100 | BYD7150WT5HEV5 | 比亚迪汽车有限... | 插电式 | 100公里 | 17.1度 | 惠州比亚迪电池有... |
| 5 | 5 | 之诺60H | BBA6461AAHEV(ZINORO60) | 华晨宝马汽车有... | 插电式 | 60公里 | 14.7度 | 宁德时代新能源科... |
| 6 | 6 | 荣威eRX5 | CSA6454NDPHEV1 | 上海汽车集团股... | 插电式 | 60公里 | 12度 | 上海捷新动力电池... |
| 7 | 7 | 荣威ei6 | CSA7104SDPHEV1 | 上海汽车集团股... | 插电式 | 53公里 | 9.1度 | 上海捷新动力电池... |
| 8 | 8 | 荣威e950 | CSA7144CDPHEV1 | 上海汽车集团股... | 插电式 | 60公里 | 12度 | 上海捷新动力电池... |
| 9 | 9 | 荣威e550 | CSA7154TDPHEV | 上海汽车集团股... | 插电式 | 60公里 | 11.8度 | 上海捷新动力电池... |
| 10 | 10 | S60L | VCC7204C13PHEV | 浙江豪情汽车制... | 插电式 | 53公里 | 8度 | 威睿电动汽车技术(... |
| 11 | 11 | CT6 | SGM7200KACHEV | 上汽通用汽车有... | 插电式 | 80公里 | 18.4度 | GM |
| 12 | 12 | 比亚迪秦 | BYD7150WTHEV3* | 比亚迪汽车有限... | 插电式 | 70公里 | 13度 | 惠州比亚迪电池有... |
| 13 | 13 | 腾势 | QCJ7007BEV1 | 比亚迪汽车工业... | 纯电动 | 352公里 | 62度 | 惠州比亚迪电池有... |
| 14 | 14 | 腾势 | QCJ7007BEV2 | 比亚迪汽车工业... | 纯电动 | 352公里 | 62度 | 惠州比亚迪电池有... |

| | |
|---|---|
| 序号 | 13 |
| 名称 | 腾势 |
| 车型 | QCJ7007BEV1 |
| 生产企业 | 比亚迪汽车工业有限公司 |
| 类别 | 纯电动 |
| 纯电里程 | 352公里 |
| 电池容量 | 62度 |
| 电池企业 | 惠州比亚迪电池有限公司 |

## 6.1.2 保留行数据

将数据导入到 Power BI Desktop 后，如果需要保留部分数据，可通过保留行功能只保留最前面、最后面几行的数据或保留中间部分指定行数的数据。

◎ 原始文件：下载资源\实例文件\第6章\原始文件\保留行数据.pbix
◎ 最终文件：下载资源\实例文件\第6章\最终文件\保留行数据.pbix

步骤01 保留最前面几行数据。打开原始文件，进入Power Query编辑器，❶切换至"表3"中，❷在"开始"选项卡下的"减少行"组中单击"保留行"按钮，❸在展开的列表中单击"保留最前面几行"选项，如下图所示。

步骤02 指定要保留的行数。打开"保留最前面几行"对话框，❶在文本框中输入要保留的行数，❷单击"确定"按钮，如右图所示。

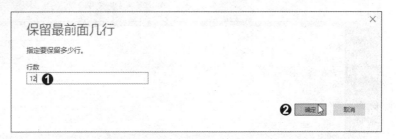

**步骤 03** 显示保留效果。返回编辑器中，可看到"表3"中只保留了前面12行的数据，如下图所示。

**步骤 04** 保留最后几行数据。❶切换至"表5"中，❷在"开始"选项卡下的"减少行"组中单击"保留行"按钮，❸在展开的列表中单击"保留最后几行"选项，如下图所示。

步骤 05 指定要保留的行数。打开"保留最后几行"对话框，❶在文本框中输入要保留的行数，❷单击"确定"按钮，如下图所示。

# 保留最后几行

指定要保留多少行。

行数

8 ❶

❷ 确定　取消

步骤 06 显示保留效果。返回编辑器中，可以看到"表5"中只保留了最后8行的数据，如下图所示。

步骤 07 保留中部的行数据。❶切换至"表1"中，❷在"开始"选项卡下的"减少行"组中单击"保留行"按钮，❸在展开的列表中单击"保留行的范围"选项，如下图所示。

步骤 08 设置保留行的范围。打开"保留行的范围"对话框，❶在文本框中输入要开始保留的首行行号及要保留的行数，❷单击"确定"按钮，如下图所示。

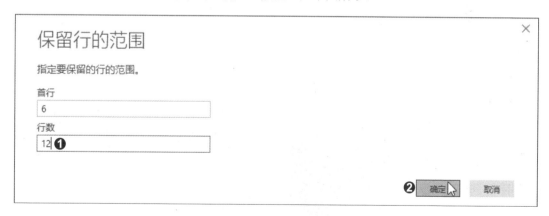

步骤 09 显示最终的保留效果。返回编辑器中，可看到"表1"中从第6行开始保留了12行的数据，如下图所示。

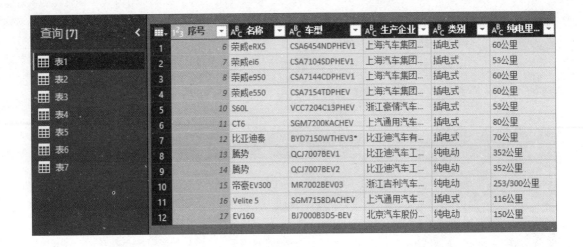

## 6.1.3 删除行数据

删除行的方法和保留行的方法类似，区别只在于一个是删除行数据，一个是保留行数据。
本小节以删除间隔行为例介绍行数据的删除方法。

◎ 原始文件：下载资源\实例文件\第6章\原始文件\删除行数据.pbix
◎ 最终文件：下载资源\实例文件\第6章\最终文件\删除行数据.pbix

步骤01 删除间隔行。
打开原始文件，进入
Power Query编辑器，
❶切换至"表1"中，
❷在"开始"选项卡下
的"减少行"组中单击
"删除行"按钮，❸在
展开的列表中单击"删
除间隔行"选项，如右
图所示。

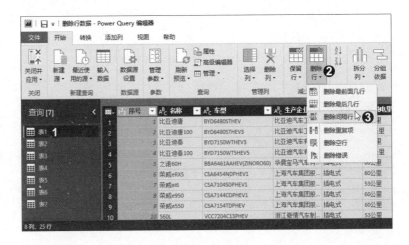

**步骤 02** 设置删除和保留的行的模式。打开"删除间隔行"对话框，❶分别输入"要删除的第一行""要删除的行数""要保留的行数"三个参数值，❷单击"确定"按钮，如下图所示。

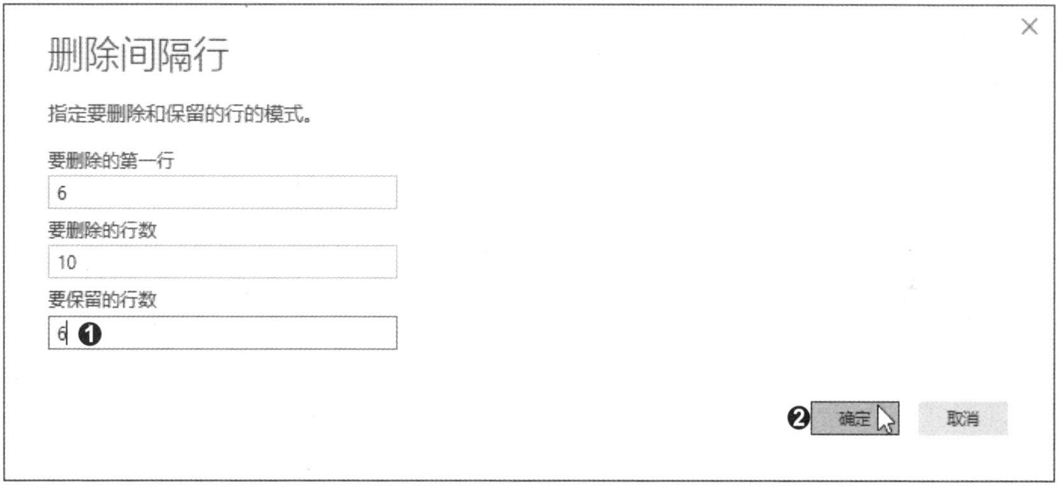

删除间隔行

指定要删除和保留的行的模式。

要删除的第一行

6

要删除的行数

10

要保留的行数

6 ❶

❷ 确定　　取消

**步骤 03** 显示删除效果。返回编辑器中，根据"序号"列的序号可看出，从第6行开始删除了10行数据，并保留了后面的6行数据，如下图所示。

| | 1²₃ 序号 | AᴮC 名称 | AᴮC 车型 | AᴮC 生产企业 | AᴮC 类别 | AᴮC 纯电里… |
|---|---|---|---|---|---|---|
| 1 | 1 | 比亚迪唐 | BYD6480STHEV | 比亚迪汽车工业… | 插电式 | 80公里 |
| 2 | 2 | 比亚迪唐100 | BYD6480STHEV3 | 比亚迪汽车工业… | 插电式 | 100公里 |
| 3 | 3 | 比亚迪秦 | BYD7150WTHEV3 | 比亚迪汽车有限… | 插电式 | 70公里 |
| 4 | 4 | 比亚迪秦100 | BYD7150WT5HEV5 | 比亚迪汽车有限… | 插电式 | 100公里 |
| 5 | 5 | 之诺60H | BBA6461AAHEV(ZINORO60) | 华晨宝马汽车有… | 插电式 | 60公里 |
| 6 | 16 | Velite 5 | SGM7158DACHEV | 上汽通用汽车有… | 插电式 | 116公里 |
| 7 | 17 | EV160 | BJ7000B3D5-BEV | 北京汽车股份有… | 纯电动 | 150公里 |
| 8 | 18 | EV160 | BJ7000BRDA-BEV | 北京新能源汽车… | 纯电动 | 150公里 |
| 9 | 19 | EU220/EU260 | BJ7000C5E1-BEV | 北京汽车股份有… | 纯电动 | 200/252公里 |
| 10 | 20 | EU260 | BJ7000C5E2-BEV | 北京汽车股份有… | 纯电动 | 252公里 |
| 11 | 21 | 江淮iEV4 | HFC7000AEV | 安徽江淮汽车股… | 纯电动 | 170公里 |

## 6.1.4　排序和筛选行数据

　　如果要对导入 Power BI Desktop 中的数据源进行升序或降序排列，或者筛选出需要的数据信息，可在 Power Query 编辑器中进行排序和筛选操作。

◎　原始文件：下载资源\实例文件\第6章\原始文件\排序和筛选行数据.pbix
◎　最终文件：下载资源\实例文件\第6章\最终文件\排序和筛选行数据.pbix

步骤01　排序数据。打开原始文件，进入 Power Query编辑器，❶在要排序的列的列标题中单击右侧的下三角按钮，❷在展开的列表中单击"升序排序"选项，如右图所示。整个表的数据即可按照该列数据以升序的方式排列。

步骤02　文本筛选。如果要筛选某列的数据内容，❶可单击列标题右侧的下三角按钮，❷在展开的列表中单击"文本筛选器>包含"选项，如下图所示。

步骤 03 设置筛选条件。打开"筛选行"对话框，❶设置好筛选条件，❷单击"确定"按钮，如右图所示。

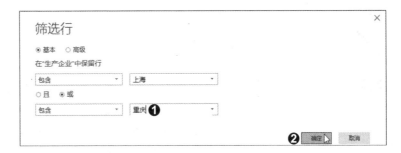

步骤 04 查看筛选结果。返回编辑器中，可看到筛选出的生产企业名称中含有"上海"或"重庆"的数据结果，如下图所示。

| | 1²₃ 序号 | Aᴮ꜀ 名称 | Aᴮ꜀ 车型 | Aᴮ꜀ 生产企业 | Aᴮ꜀ 类别 | 1²₃ 纯电里程... | Aᴮ꜀ 电池容... |
|---|---|---|---|---|---|---|---|
| 1 | 7 | 荣威ei6 | CSA7104SDPHEV1 | 上海汽车集团股... | 插电式 | 53 | 9.1度 |
| 2 | 8 | 荣威e950 | CSA7144CDPHEV1 | 上海汽车集团股... | 插电式 | 60 | 12度 |
| 3 | 9 | 荣威e550 | CSA7154TDPHEV | 上海汽车集团股... | 插电式 | 60 | 11.8度 |
| 4 | 6 | 荣威eRX5 | CSA6454NDPHEV1 | 上海汽车集团股... | 插电式 | 60 | 12度 |
| 5 | 23 | 新奔奔EV | SC7001ADBEV | 重庆长安汽车股... | 纯电动 | 180 | 23.2度 |
| 6 | 25 | EADO | SC7003AABEV | 重庆长安汽车股... | 纯电动 | 200 | 30度 |
| 7 | 24 | 新奔奔EV | SC7001AEBEV | 重庆长安汽车股... | 纯电动 | 210 | 27.6度 |

# 6.2 列数据的基本操作

Power Query 编辑器中列数据的操作与行数据的操作相比会更加丰富、多样，用户既可对列的宽度、位置和标题名称进行调整或重命名，还可对列进行删除、保留、合并和拆分。此外，如果要提取列中的部分文本和日期数据，也可在本小节中学习具体的操作过程。

## 6.2.1 调整列宽和重命名列标题

当默认的列宽不便于查看数据较长的单元格内容时，可对该列的宽度进行调整。此外，如果原有数据源的列标题名称不易于用户直观识别该列的数据内容，可对列标题进行重命名操作。

◎ 原始文件：下载资源\实例文件\第6章\原始文件\调整列宽和重命名列标题.pbix
◎ 最终文件：下载资源\实例文件\第6章\最终文件\调整列宽和重命名列标题.pbix

步骤01 调整列宽。打开原始文件，进入Power Query编辑器，可发现某列的数据内容较长，没有完全显示出来。此时可将鼠标指针放置在该列标题右侧的边框线上，如放置在"生产企业"列标题右侧的边框线上，按住鼠标左键向右拖动，即可增大列宽，如下图所示。如果要减小列宽，则向左拖动。

步骤02 重命名列标题。如果要更改列标题，❶则右击要更改的列标题，如"电池"，❷在弹出的快捷菜单中单击"重命名"命令，如下图所示。此时列标题呈可编辑的状态，输入新的列标题"电池容量"，按下【Enter】键，完成列标题的重命名。

| | 序号 | 生产企业 | 类别 | 纯电里... | |
|---|---|---|---|---|---|
| 1 | 1 | 比亚迪汽车工业 | 插电式 | 80公里 | 18.5 |
| 2 | 2 | 比亚迪汽车工业 | 插电式 | 100公里 | 22.8 |
| 3 | 3 | 比亚迪汽车有限... | 插电式 | 70公里 | 13度 |
| 4 | 4 | 比亚迪汽车有限... | 插电式 | 100公里 | 17.1 |
| 5 | 5 | 华晨宝马汽车有... | 插电式 | 60公里 | 14.7 |
| 6 | 6 | 上海汽车集团股... | 插电式 | 60公里 | 12度 |
| 7 | 7 | 上海汽车集团股... | 插电式 | 53公里 | 9.1度 |
| 8 | 8 | 上海汽车集团股... | 插电式 | 60公里 | 12度 |
| 9 | 9 | 上海汽车集团股... | 插电式 | 60公里 | 11.8 |
| 10 | 10 | 浙江豪情汽车制... | 插电式 | 53公里 | 8度 |

| 类别 | 纯电里程 | 电池 | |
|---|---|---|---|
| | | | 替换值... |
| 插电式 | 80公里 | 18.5度 | 替换错误... |
| 插电式 | 100公里 | 22.8度 | |
| 插电式 | 70公里 | 13度 | 拆分列 ▶ |
| 插电式 | 100公里 | 17.1度 | 分组依据... |
| 插电式 | 60公里 | 14.7度 | 填充 ▶ |
| 插电式 | 60公里 | 12度 | 逆透视列 |
| 插电式 | 53公里 | 9.1度 | 逆透视其他列 |
| 插电式 | 60公里 | 12度 | 仅逆透视选定列 |
| 插电式 | 60公里 | 11.8度 | |
| 插电式 | 53公里 | 8度 | 重命名... ❷ |

步骤03 查看设置效果。可在Power Query编辑器中看到调整列宽和重命名列标题后的数据效果，如右图所示。

| | 序号 | 生产企业 | 类别 | 纯电里程 | 电池容量 | 电池企业 |
|---|---|---|---|---|---|---|
| 1 | 1 | 比亚迪汽车工业有限公司 | 插电式 | 80公里 | 18.5度 | 惠州比亚迪电池有限公司 |
| 2 | 2 | 比亚迪汽车工业有限公司 | 插电式 | 100公里 | 22.8度 | 惠州比亚迪电池有限公司 |
| 3 | 3 | 比亚迪汽车有限公司 | 插电式 | 70公里 | 13度 | 惠州比亚迪电池有限公司 |
| 4 | 4 | 比亚迪汽车有限公司 | 插电式 | 100公里 | 17.1度 | 惠州比亚迪电池有限公司 |
| 5 | 5 | 华晨宝马汽车有限公司 | 插电式 | 60公里 | 14.7度 | 宁德时代新能源科技股份有限公司 |
| 6 | 6 | 上海汽车集团股份有限公司 | 插电式 | 60公里 | 12度 | 上海捷新动力电池系统有限公司 |
| 7 | 7 | 上海汽车集团股份有限公司 | 插电式 | 53公里 | 9.1度 | 上海捷新动力电池系统有限公司 |
| 8 | 8 | 上海汽车集团股份有限公司 | 插电式 | 60公里 | 12度 | 上海捷新动力电池系统有限公司 |
| 9 | 9 | 上海汽车集团股份有限公司 | 插电式 | 60公里 | 11.8度 | 上海捷新动力电池系统有限公司 |
| 10 | 10 | 浙江豪情汽车制造有限公司 | 插电式 | 53公里 | 8度 | 威睿电动汽车技术(苏州)有限公司 |
| 11 | 11 | 上汽通用汽车有限公司 | 插电式 | 80公里 | 18.4度 | GM |
| 12 | 12 | 比亚迪汽车有限公司 | 插电式 | 70公里 | 13度 | 惠州比亚迪电池有限公司 |
| 13 | 13 | 比亚迪汽车工业有限公司 | 纯电动 | 352公里 | 62度 | 惠州比亚迪电池有限公司 |

**技巧提示**

在Power Query编辑器中完成列宽的调整后，关闭文件并再次打开编辑器时，列宽会自动返回调整前的效果。

## 6.2.2 移动列位置

为了满足实际的工作需要或便于查看常用列的数据信息，可以通过移动功能将某列数据向左、向右移动或直接移动至表的开头、末尾。

◎ 原始文件：下载资源\实例文件\第6章\原始文件\移动列位置.pbix
◎ 最终文件：下载资源\实例文件\第6章\最终文件\移动列位置.pbix

步骤01 移动列。打开原始文件，进入Power Query编辑器，❶切换至"表1"中，❷在要移动的列的列标题上右击，❸在弹出的快捷菜单中单击"移动>移到末尾"命令，如右图所示。

步骤02 查看移动效果。可看到选中列移动到末尾后的效果，如右图所示。若要向左或向右移动，可在打开的快捷菜单中选择相应的移动方式。

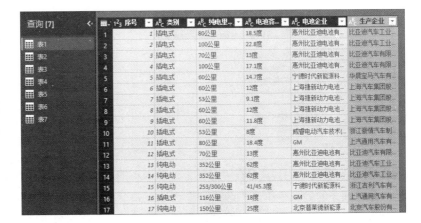

**技巧提示**

除了通过以上方法来移动列的位置，还可以直接选中列标题再拖动至需要的位置。

## 6.2.3 选择和删除列

当数据编辑区中的列较多时，可通过选择功能快速定位至要查看的列或只保留部分需要使用的列数据，也可以通过删除功能删除暂时不需要使用的列数据。

◎ 原始文件：下载资源\实例文件\第6章\原始文件\选择和删除列.pbix
◎ 最终文件：下载资源\实例文件\第6章\最终文件\选择和删除列.pbix

步骤01 转到指定列。打开原始文件，进入Power Query编辑器，❶在"开始"选项卡下的"管理列"组中单击"选择列"下三角按钮，❷在展开的列表中单击"转到列"选项，如下左图所示。打开"转到列"对话框，❸双击要转到的列，如下右图所示，可快速定位到该列。

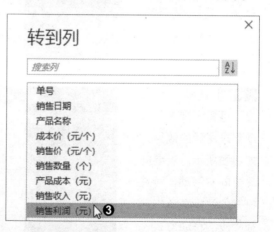

步骤02 选择要显示的列。❶在"开始"选项卡下的"管理列"组中单击"选择列"下三角按钮，❷在展开的列表中单击"选择列"选项，如下左图所示。打开"选择列"对话框，❸取消勾选不需要显示的列标题复选框，如下右图所示。完成后单击"确定"按钮，随后编辑器中将只显示被勾选的列。

步骤03 删除列。❶选中要删除的列，❷在"开始"选项卡下的"管理列"组中单击"删除列"下三角按钮，❸在展开的列表中单击"删除列"选项，如下左图所示。删除选中列后的数据效果如下右图所示。

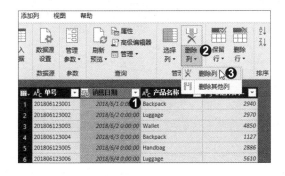

## 6.2.4　合并和拆分列

有时需要将表中的两列数据合并在一起，组成一个新的数据列；有时表中的某一列含有多种信息，需要按照特定的规则将一列分割成多列。使用 Power Query 编辑器中的合并列和拆分列功能能够实现以上操作。

◎ 原始文件：下载资源\实例文件\第6章\原始文件\合并和拆分列.pbix
◎ 最终文件：下载资源\实例文件\第6章\最终文件\合并和拆分列.pbix

步骤01 合并列。打开原始文件，进入Power Query编辑器，❶利用【Ctrl】键选中要合并的多列数据，❷切换至"转换"选项卡，❸在"文本列"组中单击"合并列"按钮，如下图所示。

步骤02 设置分隔符和新列名。打开"合并列"对话框，❶设置好"分隔符"和"新列名"，❷单击"确定"按钮，如右图所示。

**步骤 03** 拆分列。返回编辑器中，可看到选中列被合并为一列，且列名为设置的新列名。❶选中要拆分的列，❷切换至"转换"选项卡，❸在"文本列"组中单击"拆分列"按钮，❹在展开的列表中单击"按分隔符"选项，如下图所示。

**步骤 04** 按分隔符拆分列。打开"按分隔符拆分列"对话框，❶设置好分隔符、拆分位置、拆分的列数，❷单击"确定"按钮，如下图所示。

按分隔符拆分列 ×

指定用于拆分文本列的分隔符。

选择或输入分隔符

--自定义--

,

拆分位置

○ 最左侧的分隔符
○ 最右侧的分隔符
◉ 每次出现分隔符时

◢高级选项

拆分为

◉ 列
○ 行

要拆分为的列数

2 ❶

❷ 确定　取消

技巧提示

　　在步骤04中，如果分隔符在要拆分的列数据中多次出现，则需要指定是每次出现都要拆分，还是只在第一次出现时拆分。如果只在第一次出现时进行拆分，还需要指定是以左侧还是右侧为基准；如果要每次出现都进行拆分，则在对话框中的"拆分位置"下单击"每次出现分隔符时"单选按钮。

　　在"按分隔符拆分列"对话框中还可以设置是将数据拆分为行还是列，如果要拆分为列，必须要指定拆分成几列。例如，选择的列设定为拆分成三列，但实际上只有一个逗号分隔符，则只能拆分出两列，但是程序会自动创建一个空列以满足设定拆分为三列的需求。

步骤05 查看拆分效果。返回编辑器中，可看到选中的列被拆分为两列，更改分列后的列名，得到如下图所示的效果。

| | A<sup>B</sup><sub>C</sub> 订单编号 ▼ | ⊞ 销售日… ▼ | A<sup>B</sup><sub>C</sub> 产品名称 ▼ | A<sup>B</sup><sub>C</sub> 销售数量… ▼ | A<sup>B</sup><sub>C</sub> 客户姓… ▼ | A<sup>B</sup><sub>C</sub> 客户所… ▼ | A<sup>B</sup><sub>C</sub> 客户所… ▼ |
|---|---|---|---|---|---|---|---|
| 1 | 201806123001 | 2018/6/1 | Backpack | 60个 | 赵** | 四川 | 成都 |
| 2 | 201806123002 | 2018/6/2 | Luggage | 45个 | 王** | 湖北 | 武汉 |
| 3 | 201806123003 | 2018/6/2 | Wallet | 50个 | 何** | 河北 | 石家庄 |
| 4 | 201806123004 | 2018/6/3 | Backpack | 23个 | 张** | 四川 | 绵阳 |
| 5 | 201806123005 | 2018/6/4 | Handbag | 26个 | 李** | 广东 | 佛山 |
| 6 | 201806123006 | 2018/6/4 | Luggage | 85个 | 良** | 广东 | 东莞 |
| 7 | 201806123007 | 2018/6/5 | Wallet | 78个 | 华** | 海南 | 三亚 |
| 8 | 201806123008 | 2018/6/6 | Wallet | 100个 | 习** | 海南 | 海口 |
| 9 | 201806123009 | 2018/6/6 | Backpack | 25个 | 彭** | 四川 | 乐山 |
| 10 | 201806123010 | 2018/6/7 | Wallet | 36个 | 穆** | 贵州 | 贵阳 |
| 11 | 201806123011 | 2018/6/7 | Singleshoulderbag | 63个 | 岳** | 云南 | 昆明 |
| 12 | 201806123012 | 2018/6/8 | Luggage | 55个 | 庄** | 陕西 | 延安 |
| 13 | 201806123013 | 2018/6/8 | Backpack | 69个 | 毕** | 甘肃 | 兰州 |

# 6.2.5　从列中提取文本数据

　　当需要提取某列中的部分文本数据时，如果行数较少，操作还比较简单；但如果行数较多，使用 Power Query 编辑器中的提取功能会更加灵活和方便。本小节以提取身份证号中的出生日期为例介绍具体操作。

　　◎　原始文件：下载资源\实例文件\第6章\原始文件\从列中提取文本数据.pbix
　　◎　最终文件：下载资源\实例文件\第6章\最终文件\从列中提取文本数据.pbix

步骤01 选择提取方式。打开原始文件，进入Power Query编辑器，❶选中要提取数据的列，❷切换至"转换"选项卡，❸在"文本列"组中单击"提取"按钮，❹在展开的列表中单击"范围"选项，如下图所示。

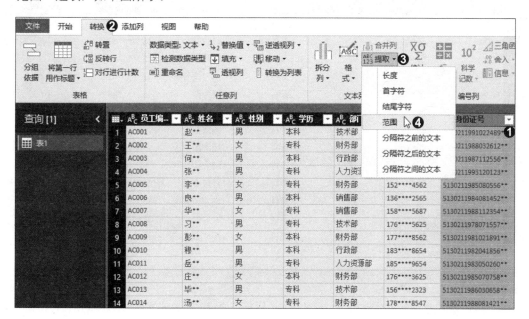

步骤02 设置提取的文本范围。打开"提取文本范围"对话框，❶在"起始索引"文本框中输入开始提取的位置，如身份证号中的出生日期数据是从第6位字符后开始，则输入"6"，在"字符数"文本框中输入要提取的字符个数，❷单击"确定"按钮，如下图所示。

**提取文本范围**

输入首字符的索引，以及要保留的字符数。

起始索引

6

字符数

8 ❶

❷ 确定　　取消

步骤 03 查看提取结果。返回编辑器中，可看到从选中的列中提取出的8位出生日期数据，更改列标题为"出生日期"，得到如下图所示的效果。

| # | A_B_C 员工编… | A_B_C 姓名 | A_B_C 性别 | A_B_C 学历 | A_B_C 部门 | A_B_C 联系电… | A_B_C 出生日… |
|---|---|---|---|---|---|---|---|
| 1 | AC001 | 赵** | 男 | 本科 | 技术部 | 136****5623 | 19910224 |
| 2 | AC002 | 王** | 女 | 专科 | 财务部 | 187****8989 | 19880326 |
| 3 | AC003 | 何** | 男 | 本科 | 行政部 | 156****5452 | 19871125 |
| 4 | AC004 | 张** | 男 | 专科 | 人力资源部 | 125****6365 | 19931201 |
| 5 | AC005 | 李** | 女 | 专科 | 财务部 | 152****4562 | 19850805 |
| 6 | AC006 | 良** | 男 | 本科 | 销售部 | 136****2565 | 19840814 |
| 7 | AC007 | 华** | 女 | 专科 | 销售部 | 158****5687 | 19881123 |
| 8 | AC008 | 习** | 男 | 专科 | 技术部 | 176****5625 | 19780715 |
| 9 | AC009 | 彭** | 女 | 本科 | 财务部 | 177****8562 | 19810218 |
| 10 | AC010 | 穆** | 男 | 本科 | 行政部 | 183****8654 | 19820418 |
| 11 | AC011 | 岳** | 男 | 专科 | 人力资源部 | 185****9654 | 19830502 |
| 12 | AC012 | 庄** | 女 | 本科 | 财务部 | 176****3625 | 19850707 |
| 13 | AC013 | 毕** | 男 | 专科 | 技术部 | 156****2323 | 19860306 |

**技巧提示**

当列数据中存在一个分隔符时，可只提取分隔符前面或后面的文本；如果列数据中存在多个分隔符，则可提取分隔符之间的文本。

## 6.2.6 提取日期数据

当只需要使用某日期列中的年份、月份或其他类型的日期数据时，可通过提取日期功能来完成。本小节以提取入职时间中的年份为例介绍具体操作。

◎ 原始文件：下载资源\实例文件\第6章\原始文件\提取日期数据.pbix
◎ 最终文件：下载资源\实例文件\第6章\最终文件\提取日期数据.pbix

步骤 01 提取日期数据。打开原始文件，进入Power Query编辑器，❶选中要提取的日期列，❷切换至"添加列"选项卡，❸在"从日期和时间"组中单击"日期"按钮，❹在展开的级联列表中单击"年>年"选项，如下图所示。

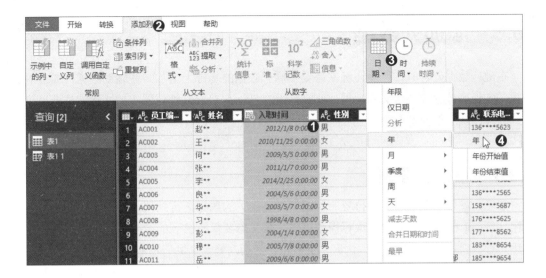

**步骤02** 查看提取效果。在表的末尾会得到一个新列，该列中的数据为从"入职时间"列中提取出的年份，更改该列的标题为"入职年份"，得到如下图所示的效果。

| | AᵇC 员工编... | AᵇC 姓名 | ⬛ 入职时间 | AᵇC 性别 | AᵇC 学历 | AᵇC 部门 | AᵇC 联系电... | AᵇC 身份证号 | 入职年... |
|---|---|---|---|---|---|---|---|---|---|
| 1 | AC001 | 赵** | 2012/1/8 0:00:00 | 男 | 本科 | 技术部 | 136****5623 | 5130211991022489** | 2012 |
| 2 | AC002 | 王** | 2010/11/25 0:00:00 | 女 | 专科 | 财务部 | 187****8989 | 5130211988032612** | 2010 |
| 3 | AC003 | 何** | 2009/5/5 0:00:00 | 男 | 本科 | 行政部 | 156****5452 | 5130211987112556** | 2009 |
| 4 | AC004 | 张** | 2011/1/7 0:00:00 | 男 | 专科 | 人力资源部 | 125****6365 | 5130211993120123** | 2011 |
| 5 | AC005 | 李** | 2014/2/25 0:00:00 | 女 | 专科 | 财务部 | 152****4562 | 5130211985080556** | 2014 |
| 6 | AC006 | 良** | 2004/5/6 0:00:00 | 男 | 本科 | 销售部 | 136****2565 | 5130211984081452** | 2004 |
| 7 | AC007 | 华** | 2003/5/7 0:00:00 | 女 | 专科 | 销售部 | 158****5687 | 5130211988112354** | 2003 |
| 8 | AC008 | 习** | 1998/4/8 0:00:00 | 男 | 专科 | 技术部 | 176****5625 | 5130211978071557** | 1998 |
| 9 | AC009 | 彭** | 2004/1/4 0:00:00 | 女 | 本科 | 财务部 | 177****8562 | 5130211981021891** | 2004 |
| 10 | AC010 | 穆** | 2005/7/8 0:00:00 | 男 | 本科 | 行政部 | 183****8654 | 5130211982041856** | 2005 |
| 11 | AC011 | 岳** | 2009/6/6 0:00:00 | 男 | 专科 | 人力资源部 | 185****9654 | 5130211983050260** | 2009 |
| 12 | AC012 | 庄** | 2011/11/12 0:00:00 | 女 | 本科 | 财务部 | 176****3625 | 5130211985070758** | 2011 |
| 13 | AC013 | 毕** | 2012/1/15 0:00:00 | 男 | 专科 | 技术部 | 156****2323 | 5130211986030658** | 2012 |
| 14 | AC014 | 汤** | 2011/1/2 0:00:00 | 女 | 专科 | 财务部 | 178****8547 | 5130211988081421** | 2011 |

**技巧提示**

除了通过以上方法提取日期数据外，还可以右击日期列，在弹出的快捷菜单中单击"转换"命令，在级联列表中选择要提取的日期数据。使用此种方法提取出的日期数据会直接覆盖原有的日期数据，而使用本小节中的方法提取出的日期数据会出现在新增的列中，这是这两种提取方法的不同之处。

# 6.3　添加列数据

在进行数据分析时，可能还经常需要在原有数据的基础上增加一些辅助数据，如重复列数据、条件列数据或自定义列数据，此时可通过 Power Query 编辑器中的功能完成各种列数据的添加，从而丰富表数据。

## 6.3.1　添加重复列

重复列就是把选中的列进行复制，以便对复制列的数据进行处理，并且不损坏原有列的数据。例如，想要对某列数据进行提取操作，但又想要保持该列的原有内容不变，则可先使用添加重复列功能复制生成相同内容的列数据，然后对复制列进行提取操作。

◎ 原始文件：下载资源\实例文件\第6章\原始文件\添加重复列.pbix
◎ 最终文件：下载资源\实例文件\第6章\最终文件\添加重复列.pbix

打开原始文件，进入 Power Query 编辑器，❶右击要添加重复列的列标题，如"身份证号"列，❷在弹出的快捷菜单中单击"重复列"命令，如下图所示。此时在表末尾会新增一个列标题为"身份证号 - 复制"的列，该列的内容和原始列的内容相同。

| 員工编... | 姓名 | 性别 | 学历 | 部门 | 联系电... | 身份证号 ❶ | | |
|---|---|---|---|---|---|---|---|---|
| 1 | AC001 | 赵** | 男 | 本科 | 技术部 | 136****5623 | 5130211991022489 | 📋 复制 |
| 2 | AC002 | 王** | 女 | 专科 | 财务部 | 187****8989 | 5130211988032612 | ✂ 删除 |
| 3 | AC003 | 何** | 男 | 本科 | 行政部 | 156****5452 | 5130211987112556 | 删除其他列 |
| 4 | AC004 | 张** | 男 | 专科 | 人力资源部 | 125****6365 | 5130211993120123 | 重复列 ❷ |
| 5 | AC005 | 李** | 女 | 专科 | 财务部 | 152****4562 | 5130211985080556 | 📇 从示例中添加列... |
| 6 | AC006 | 良** | 男 | 本科 | 销售部 | 136****2565 | 5130211984081452 | |
| 7 | AC007 | 华** | 女 | 专科 | 销售部 | 158****5687 | 5130211988112354 | 删除重复项 |
| 8 | AC008 | 习** | 男 | 本科 | 技术部 | 176****5625 | 5130211978071557 | 删除错误 |
| 9 | AC009 | 彭** | 女 | 本科 | 财务部 | 177****8562 | 5130211981021891 | 更改类型　▶ |
| 10 | AC010 | 穆** | 男 | 本科 | 行政部 | 183****8654 | 5130211982041856 | 转换　　▶ |
| 11 | AC011 | 岳** | 男 | 专科 | 人力资源部 | 185****9654 | 5130211983050260 | 替换值... |
| 12 | AC012 | 庄** | 女 | 本科 | 财务部 | 176****3625 | 5130211985070758 | 替换错误... |
| 13 | AC013 | 毕** | 男 | 专科 | 技术部 | 156****2323 | 5130211986030658 | |
| 14 | AC014 | 汤** | 女 | 本科 | 财务部 | 178****8547 | 5130211988081421 | 拆分列　　▶ |
| 15 | AC015 | 唐** | 男 | 本科 | 行政部 | 152****5554 | 5130211992112625 | 分组依据... |

**技巧提示**

除了可以添加复制列，还可以添加索引列。索引列就是为每行增加一个序号，记录每一行所在的位置。起始序号可以从0或1开始，也可以自定义设置起始序号及序号的间隔值。

## 6.3.2　添加条件列

如果想要根据指定的条件从某些列中获取数据并计算生成新列，可通过添加条件列功能来实现。该功能等同于 Excel 中的 IF 函数。

◎　原始文件：下载资源\实例文件\第6章\原始文件\添加条件列.pbix
◎　最终文件：下载资源\实例文件\第6章\最终文件\添加条件列.pbix

步骤01 启动条件列功能。打开原始文件，进入Power Query编辑器，❶切换至"添加列"选项卡，❷在"常规"组中单击"条件列"按钮，如下图所示。

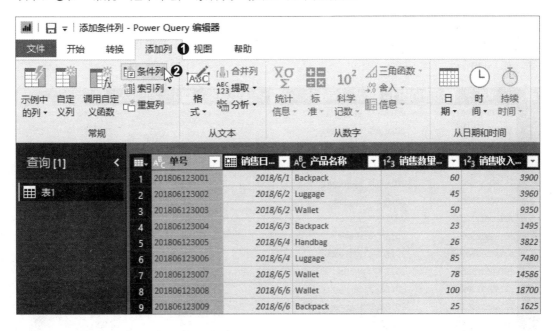

步骤02 添加条件列。打开"添加条件列"对话框，❶在"新列名"文本框中输入条件列的列名，如"销售评级"，❷随后在对话框中根据提供的If函数设置好列名、运算符、值及输出数据，如果对话框中提供的规则数量不够，可以通过单击"添加规则"按钮来添加新的规则，❸完成后单击"确定"按钮，如下图所示。

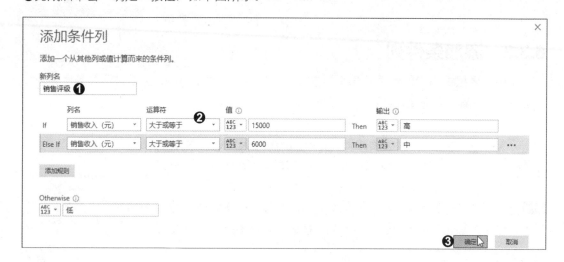

步骤03 查看添加条件列的效果。返回编辑器中，可以看到根据上面设置的条件计算得到的新列，如下图所示。

| | A^B_C 单号 | 销售日… | A^B_C 产品名称 | 1²₃ 销售数里… | 1²₃ 销售收入… | 销售评… |
|---|---|---|---|---|---|---|
| 1 | 201806123001 | 2018/6/1 | Backpack | 60 | 3900 | 低 |
| 2 | 201806123002 | 2018/6/2 | Luggage | 45 | 3960 | 低 |
| 3 | 201806123003 | 2018/6/2 | Wallet | 50 | 9350 | 中 |
| 4 | 201806123004 | 2018/6/3 | Backpack | 23 | 1495 | 低 |
| 5 | 201806123005 | 2018/6/4 | Handbag | 26 | 3822 | 低 |
| 6 | 201806123006 | 2018/6/4 | Luggage | 85 | 7480 | 中 |
| 7 | 201806123007 | 2018/6/5 | Wallet | 78 | 14586 | 中 |
| 8 | 201806123008 | 2018/6/6 | Wallet | 100 | 18700 | 高 |
| 9 | 201806123009 | 2018/6/6 | Backpack | 25 | 1625 | 低 |
| 10 | 201806123010 | 2018/6/7 | Wallet | 36 | 6732 | 中 |
| 11 | 201806123011 | 2018/6/7 | Singleshoulderbag | 63 | 7812 | 中 |
| 12 | 201806123012 | 2018/6/8 | Luggage | 55 | 4840 | 低 |
| 13 | 201806123013 | 2018/6/8 | Backpack | 69 | 4485 | 低 |

## 6.3.3　添加自定义列

如果已有的添加列功能不能满足用户的实际需求，则可以通过自定义列功能来实现新列的添加。

◎　原始文件：下载资源\实例文件\第6章\原始文件\添加自定义列.pbix
◎　最终文件：下载资源\实例文件\第6章\最终文件\添加自定义列.pbix

步骤01　启动添加自定义列功能。打开原始文件，进入Power Query编辑器，❶切换至"添加列"选项卡，❷在"常规"组中单击"自定义列"按钮，如右图所示。

步骤02　设置列名和公式。打开"自定义列"对话框，❶在"新列名"文本框中输入自定义列的列名，❷在"可用列"列表框中选择用于定义新列公式的字段，如"销售价（元/个）"，❸单击"插入"按钮，如右图所示。

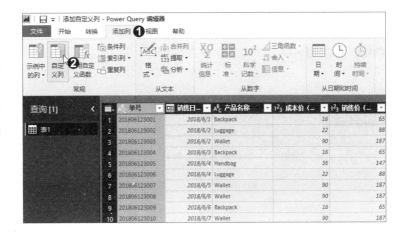

步骤 03 完成列的自定义。❶在"自定义列公式"文本框中会看到插入的"销售价（元/个）"字段，在字段后输入"*"，并应用相同的方法在"可用列"中选择字段并插入，❷完成公式的设置后，单击"确定"按钮，如右图所示。

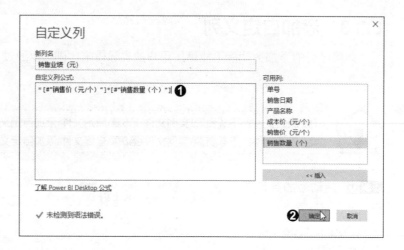

技巧提示

　　键入公式并构建列时，可在"自定义列"对话框底部的左侧看到检测语法错误的指示器。如果一切正常，可看到一个绿色的钩形图标；如果语法中存在错误，可看到一个黄色警告图标及检测到的错误。

步骤 04 添加销售成本列。返回编辑器后，再次打开"自定义列"对话框，❶设置好销售成本列的列名和公式，❷单击"确定"按钮，如右图所示。

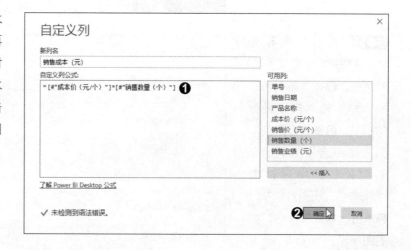

**步骤 05** 添加销售利润列。❶应用相同的方法设置好销售利润列的列名和公式，❷单击"确定"按钮，如右图所示。

**步骤 06** 查看自定义列的效果。返回编辑器中，可看到新添加的"销售业绩（元）""销售成本（元）""销售利润（元）"字段，如右图所示。

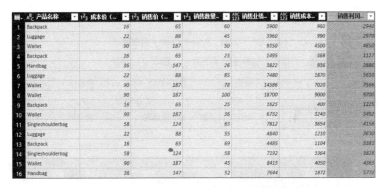

### 技巧提示

如果要修改自定义列，可在编辑器右侧的"查询设置"窗格中双击自定义列对应的"已添加自定义"的步骤，将再次打开"自定义列"对话框，可在其中修改创建自定义列的公式。

## 6.4 行列数据的高级应用

Power Query 编辑器除了能完成前面介绍过的行列基本操作，还能完成分类汇总、合并和追加查询、一维表和二维表的相互转换等行列数据的一些高级应用。

## 6.4.1　分类汇总行列数据

使用 Power Query 编辑器中的分组依据功能可对导入的表格数据进行分类汇总计算，即以表中的某个字段为依据对需要的字段进行汇总操作。

本小节将以产品名称为依据，对销售数量和销售金额进行汇总计算。

◎　原始文件：下载资源\实例文件\第6章\原始文件\分类汇总行列数据.pbix
◎　最终文件：下载资源\实例文件\第6章\最终文件\分类汇总行列数据.pbix

步骤01 启动分组依据功能。打开原始文件，进入Power Query编辑器，在表格中可看到各个销售日期下的产品销售情况，❶切换至"转换"选项卡，❷在"表格"组中单击"分组依据"按钮，如下图所示。

步骤02 设置分组依据。打开"分组依据"对话框，如果要分组的字段不止一列，❶则单击"高级"单选按钮，❷设置"分组依据"为"产品名称"，并设置好"新列名"及新列对应的"操作"和"柱"，❸完成后单击"确定"按钮，如下图所示。在"分组依据"对话框中，默认情况下只有一个分组和新列，如果要添加其他分组或新列，可单击"添加分组"或"添加聚合"按钮。

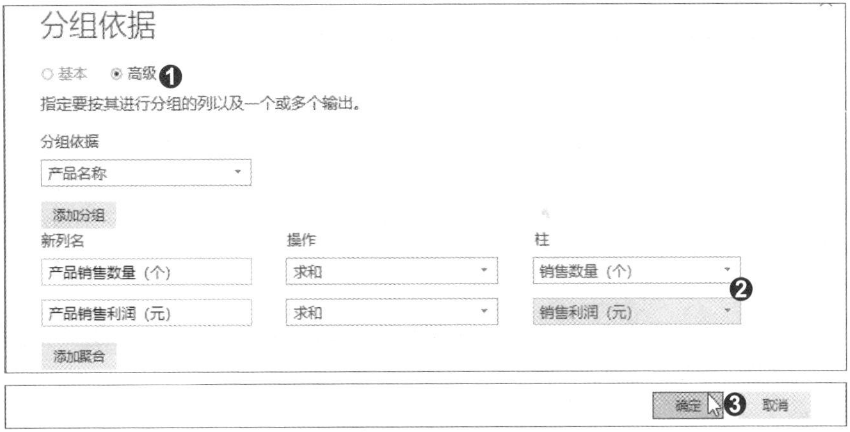


步骤03 查看分类汇总结果。返回编辑器中，可看到根据产品名称对销售数量和销售利润进行求和后的表格效果，如下图所示。

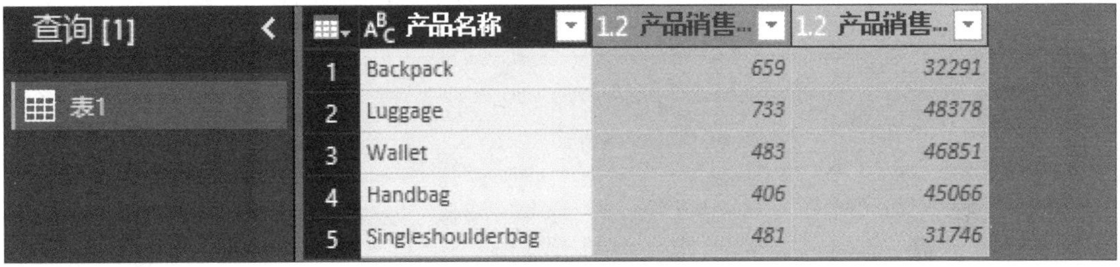


| | 产品名称 | 产品销售... | 产品销售... |
|---|---|---|---|
| 1 | Backpack | 659 | 32291 |
| 2 | Luggage | 733 | 48378 |
| 3 | Wallet | 483 | 46851 |
| 4 | Handbag | 406 | 45066 |
| 5 | Singleshoulderbag | 481 | 31746 |

**技巧提示**

如果要删除或移动“分组依据”对话框中的分组或聚合，可将鼠标指针放置在要操作的分组或聚合的字段框后，此时会出现三个点（…）按钮，单击该按钮，在展开的列表中可看到“删除”“下移”“上移”选项，根据实际的工作需要进行选择即可。

## 6.4.2 合并查询表数据

合并查询是指在已有的数据表中添加另外一个表的数据，但前提是这两个表中存在相同的字段。该功能相当于 Excel 中的 VLOOKUP 函数，常用于匹配其他表格中的数据，不过 Power BI Desktop 中的合并查询功能要比 VLOOKUP 函数更加强大，并且操作也更加简单。

◎ 原始文件：下载资源\实例文件\第6章\原始文件\合并查询表数据.pbix
◎ 最终文件：下载资源\实例文件\第6章\最终文件\合并查询表数据.pbix

步骤01 启动合并查询功能。打开原始文件，进入Power Query编辑器。现要在"销售表"中添加"产品分类"字段，则在切换至"销售表"后，在"开始"选项卡下的"组合"组中单击"合并查询"按钮，如右图所示。

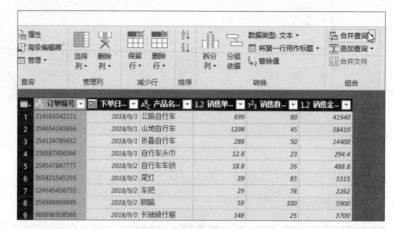

步骤02 设置合并表。打开"合并"对话框，❶在对话框的下方设置好要合并的表，如"产品分类表"，❷并选择这两个表中相同的字段，如"产品名称"，❸单击"确定"按钮，如右图所示。

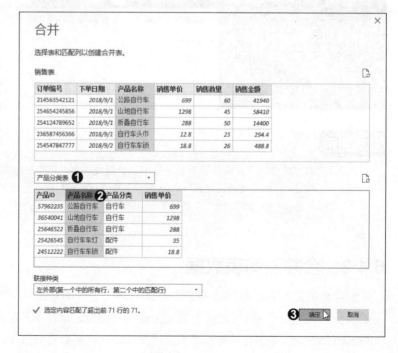

**步骤 03** 选择扩展列。返回编辑器中，可在"销售表"右侧看到一个新增列，❶单击该列的列标题右侧的图标，❷在展开的列表中勾选需要合并的字段复选框，如"产品分类"，❸单击"确定"按钮，如右图所示。

**步骤 04** 查看合并效果。此时可以看到"产品分类"这个字段中的数据被添加到"销售表"中，如右图所示。

## 6.4.3　追加查询表数据

追加查询是在现有表的下方添加新的行数据，其可以将具有相同结构的表的内容进行纵向合并。需要注意的是，追加查询只能对结构相同、字段标题相同的表格进行合并，如果表格结构不同，在合并时可能会发生错误。

◎　原始文件：下载资源\实例文件\第6章\原始文件\追加查询表数据.pbix
◎　最终文件：下载资源\实例文件\第6章\最终文件\追加查询表数据.pbix

步骤 01 复制表。打开原始文件，进入Power Query编辑器。想要在一个表中追加其他表内容并保留原有的表，则需要复制该表，❶右击要复制的表，如右击表"1月"，❷在弹出的快捷菜单中单击第2个"复制"命令，如右图所示。

步骤 02 追加查询表内容。此时在编辑器中将增加一个与"1月"表内容相同的表，更改表的名称为"上半年采购记录表"，并切换至该表中，在"开始"选项卡下的"组合"组中单击"追加查询"按钮，如右图所示。

步骤 03 追加多个表内容。打开"追加"对话框，❶单击"三个或更多表"单选按钮，❷在"可用表"列表框中选择要追加的表，❸单击"添加"按钮，❹该表即被放置在"要追加的表"列表框中，用相同方法添加要追加的多个表，❺完成后单击"确定"按钮，如右图所示。

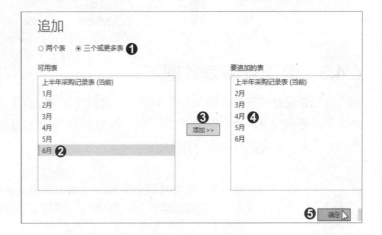

步骤 04 查看追加效果。返回编辑器中，可看到"上半年采购记录表"中包含"1月"表及追加的表的数据内容，如右图所示。

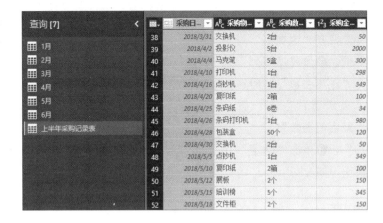

## 6.4.4　一维表和二维表的相互转换

当需要将表进行一维和二维之间的相互转换，或者说将表中的行与列进行相互转换时，可使用 Power Query 编辑器中的透视列和逆透视列功能。

◎ 原始文件：下载资源\实例文件\第6章\原始文件\一维表和二维表的相互转换.pbix
◎ 最终文件：下载资源\实例文件\第6章\最终文件\一维表和二维表的相互转换.pbix

01 启动透视列功能。打开原始文件，进入Power Query编辑器，现要将"月份销售统计表"由一维表转换为二维表。❶切换至该表中，❷选中"销售月份"列，❸切换至"转换"选项卡，❹在"任意列"组中单击"透视列"按钮，如右图所示。

步骤 02 设置透视列条件。打开"透视列"对话框，❶设置"值列"为"销售金额"，❷在"高级选项"下设置"聚合值函数"为"求和"，❸单击"确定"按钮，如右图所示。

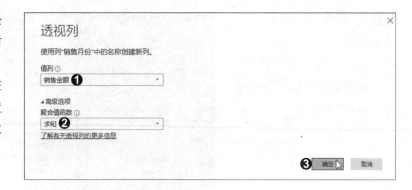

步骤 03 查看一维表转换为二维表的效果。返回编辑器中，可看到将一维表转换为二维表的效果，如下图所示。

| 产品名... | 1.2 1月 | 1.2 2月 | 1.2 3月 | 1.2 4月 | 1.2 5月 | 1.2 6月 | 1.2 7月 | 1.2 8月 | 1.2 9月 | 1.2 10月 | 1.2 11月 | 1.2 12月 |
|---|---|---|---|---|---|---|---|---|---|---|---|---|
| 1 公路自行车 | 41940 | 226200 | 61410 | 31455 | 203045 | 30725 | 77880 | 11840 | 560747 | 112878 | 973023 | 129714 |
| 2 尾灯 | 3315 | 489 | 1239 | 3042 | 1780 | 498 | 524 | 1475 | 1960 | 4602 | 1925 | 23600 |
| 3 山地自行车 | 58410 | 59000 | 74225 | 81774 | 47204 | 10485 | 103840 | 70445 | 101244 | 312041 | 712045 | 22645 |
| 4 折叠自行车 | 14400 | 3700 | 846 | 15840 | 828836 | 427245 | 90860 | 48231 | 187245 | 20304 | 71641 | 130547 |
| 5 自行车头巾 | 294.4 | 2124 | 2028 | 2100 | 3894 | 2796 | 3115 | 1750 | 1152 | 2065 | 460.8 | 3068 |
| 6 自行车车锁 | 488.8 | 875 | 580 | 1673.2 | 5004 | 7788 | 1129 | 4403 | 1728 | 1317 | 5607 | 8140 |

步骤 04 启动逆透视列功能。现要将"季度销售统计表"转换为一维表，❶切换至该表中，❷选中"产品名称"列，❸在"转换"选项卡下的"任意列"组中单击"逆透视列"右侧的下三角按钮，❹在展开的列表中单击"逆透视其他列"选项，如右图所示。

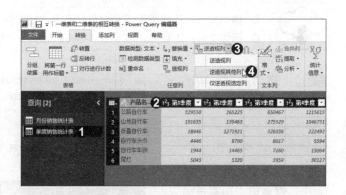

步骤 05 查看二维表转换为一维表的效果。可看到"季度销售统计表"由二维表转换为一维表的效果，如右图所示。

# 第 7 章

# 建立数据分析模型

在 Power BI Desktop 中，可以对多个表格、多种来源的数据，根据不同的维度、不同的逻辑做聚合分析；而分析数据的前提是要将这些数据表建立关系，这个建立关系的过程就是建立数据分析模型，简称为数据建模。

在建模过程中，如果模型中已有的值、列或表不利于关系的建立或不符合分析需要，还可以通过 DAX 创建度量值、计算列及新表。

# 7.1 了解与数据建模有关的视图

在数据建模前，如果想要在报表视图的报表画布上未创建视觉对象的情况下，查看表或列中的实际内容并开始管理数据关系，首先就需要熟悉数据视图和关系视图的界面，并对界面中的一些元素和内容有一个大概的认识。

## 7.1.1 数据视图界面介绍

数据视图有助于检查、浏览和了解 Power BI Desktop 模型中的数据，其与在 Power Query 编辑器中查看表、列和数据的方式不同。在数据视图中看到的数据是在将其加载到模型之后的效果。

下图所示为 Power BI Desktop 中的数据视图，图中标号对应元素的详细介绍见下表。

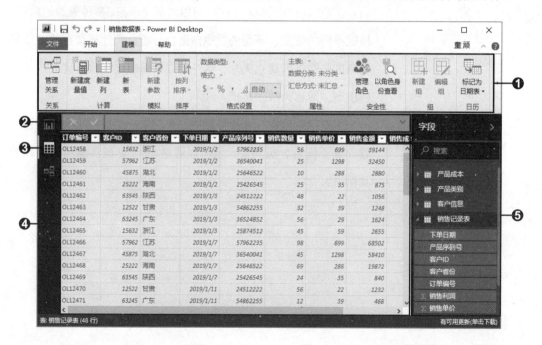

| 序号 | 名称 | 功能 |
|:---:|:---:|:---|
| ❶ | 建模功能区 | 在此处可管理关系、新建度量值、创建计算列和表，并对列的格式进行设置 |
| ❷ | 公式栏 | 用于输入度量值、计算列和表的 DAX 公式 |
| ❸ | 数据视图图标 | 单击此图标可进入数据视图 |
| ❹ | 数据区域 | 用于显示选中表中的所有列和行内容 |
| ❺ | "字段"窗格 | 显示导入数据源的表及表中的标题字段，还可以搜索表或标题字段 |

## 7.1.2　关系视图界面介绍

关系视图用于显示模型中所有的表、列和关系，当模型中包含许多表且其关系十分复杂时尤其有用。

下图所示为 Power BI Desktop 中的关系视图，图中标号对应元素的详细介绍见下表。

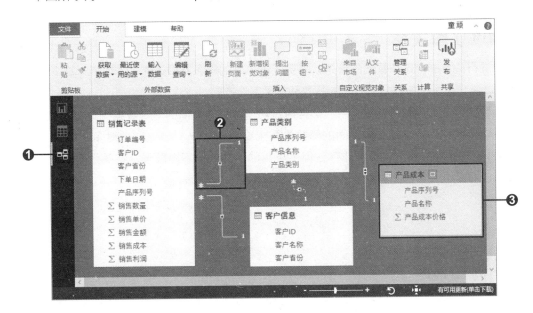

| 序号 | 名称 | 功能 |
|:---:|:---:|:---|
| ❶ | 关系视图图标 | 单击此图标可进入关系视图 |
| ❷ | 关系线 | 连接两个表，并展示它们之间的关系，在上图中有 4 条关系线 |
| ❸ | 数据块 | 每个表占据一个数据块，在数据块中显示了该表的名称及表中的标题字段，在上图中有 4 个数据块 |

## 7.2 创建和管理数据关系

　　在分析数据时，不可能总是对单个数据表进行分析，有时需要把多个数据表导入到 Power BI Desktop 中，利用多个表中的数据及其关系来执行一些复杂的数据分析任务。为得到准确的分析结果，需要在数据建模时创建数据表之间的关系。创建完成后，为了让表之间的关系更加符合实际的工作需求，还需对关系进行管理操作。

### 7.2.1 了解关系

　　要进行关系的创建和管理，首先就需要了解关系的概念及相关的基本元素。在 Power BI Desktop 中，关系是指数据表之间的基数和交叉筛选方向。

　　基数类似于关系表的外键引用，都是通过两个数据表之间的单个数据列进行关联，该数据列叫做查找列。两个数据表之间的基数关系主要有一对一（1:1）、一对多（1:N）、多对一（N:1）三种，此外，还有一种存在但不可用的关系。如下图所示，在关系视图下展示了 Power BI Desktop 中的几种关系，各个关系的具体含义见下表。

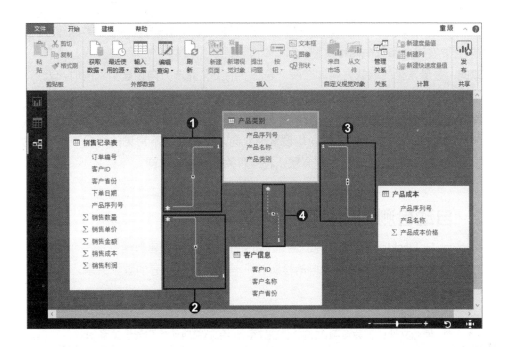

| 序号 | 数据关系 | 含义 |
|---|---|---|
| ❶ | 多对一<br>（N:1） | 多对一是最常见的默认类型。它意味着一个表中的列可具有一个值的多个实例，而另一个相关表（常称为查找表）仅具有一个值的一个实例。例如，表 A 和表 B 之间的基数关系是 N:1，那么表 B 是表 A 的查找表，表 A 叫做引用表。在查找表中，查找列的值是唯一的，不允许存在重复值；而在引用表中，查找列的值不唯一 |
| ❷ | 一对多<br>（1:N） | 一对多是多对一的反向。例如，表 A 和表 B 之间的基数关系是 1:N，那么表 A 是表 B 的查找表，表 B 叫做引用表。在查找表中，查找列的值是唯一的，不允许存在重复值；而在引用表中，查找列的值不唯一 |
| ❸ | 一对一<br>（1:1） | 一个表中的列仅具有特定值的一个实例，而另一个相关表也是如此 |
| ❹ | 其他 | 除了以上几种数据关系，Power BI Desktop 中还存在一种配置为虚线的表示此关系不可用的数据关系 |

在上图中的关系线上存在一个方向符号，该符号为交叉筛选方向，表示数据筛选的流向。筛选方向主要有双向和单向两种类型。

• **双向**：是最常见的默认方向。当两个表之间的交叉筛选方向设置为双向时，表示两个表可以互相筛选。

• **单向**：表示一个表只能对另外一个表进行筛选，而不能反向筛选。

对于大多数关系，交叉筛选方向均设置为双向，但在某些不常见的情况下，或者从较旧版本的 Power Pivot 中导入模型，则会默认将所有关系设置为单向。

## 7.2.2 自动检测创建关系

在 Power BI Desktop 中导入了数据后，如果想要快速地创建数据关系，可直接通过自动检测功能来实现。需要注意的是，自动检测并不一定能找出所有的数据关系，但是却能够帮助用户加快创建关系的速度。

◎ 原始文件：下载资源\实例文件\第7章\原始文件\自动检测创建关系.pbix
◎ 最终文件：下载资源\实例文件\第7章\最终文件\自动检测创建关系.pbix

步骤01 管理关系。打开原始文件，❶切换至数据视图中，可在右侧的"字段"窗格中看到导入Power BI Desktop中的表，❷单击表名称，会在中间的区域显示该表中的数据内容。❸切换至"建模"选项卡，❹单击"关系"组中的"管理关系"按钮，如下图所示。

步骤 02 自动检测关系。打开"管理关系"对话框，在对话框中可看到尚未定义任何关系的说明内容，❶单击"自动检测"按钮，等待一段时间，自动检测完成后会弹出一个对话框，提示自动检测到3个新关系，❷单击"关闭"按钮，如下图所示。

步骤 03 查看自动检测到的关系。返回"管理关系"对话框，❶可看到自动检测出的3个可用关系及有关系的表和表中的查找列字段名称，❷单击"关闭"按钮，如下图所示。

步骤04 查看关系。返回Power BI Desktop窗口，切换至关系视图，调整数据块的位置和大小，可看到4个表的数据块及自动检测后展现的3个关系，如下图所示。其中，"销售记录表"与"产品类别"和"客户信息"都存在多对一的关系，这是因为"销售记录表"中的"产品序列号"列与"客户ID"列均存在重复值；而"产品类别"和"产品成本"之间存在一对一的关系，原因是组合表的项目列中没有重复值。

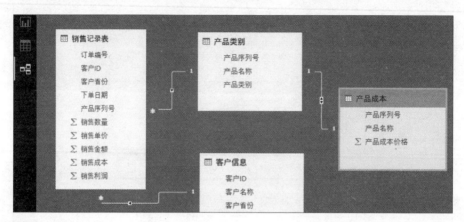

### 技巧提示

　　在创建好关系后，如果有些有关系的表数据块相距较远，不便于查看，可直接用鼠标拖动调整表数据块的位置。此外，如果有些表中的字段较多而没有完全显示在表数据块中，可将鼠标指针放置在表数据块底部或顶部的边框线上，当鼠标指针变为⤡形状时，按住鼠标左键拖动，即可调整表数据块的大小，从而可以看到表中的全部字段。

## 7.2.3 手动创建关系

　　当Power BI Desktop无法确定两个表之间存在匹配项或自动检测所创建的关系与想要创建的关系不符时，可通过新建功能手动创建关系。

◎ 原始文件：下载资源\实例文件\第7章\原始文件\手动创建关系.pbix
◎ 最终文件：下载资源\实例文件\第7章\最终文件\手动创建关系.pbix

步骤01 管理关系。打开原始文件，❶切换至关系视图，可看到导入的4个表数据块，此时表之间还未创建关系，❷在"开始"选项卡下的"关系"组中单击"管理关系"按钮，如下图所示。

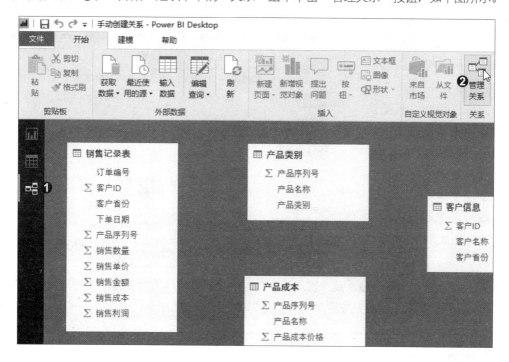

步骤02 启动创建关系的功能。打开"管理关系"对话框，可看到对话框中没有数据关系，需要新建，单击"新建"按钮，如下图所示。

步骤03 创建关系。打开"创建关系"对话框，❶选择相互关联的表和列，❷在对话框的下方设置好"基数"和"交叉筛选器方向"，❸单击"确定"按钮，如右图所示。需要注意的是，在默认情况下，Power BI Desktop 会自动配置新关系的基数（方向）、交叉筛选器方向和活动属性；但必要时，可对其进行更改。

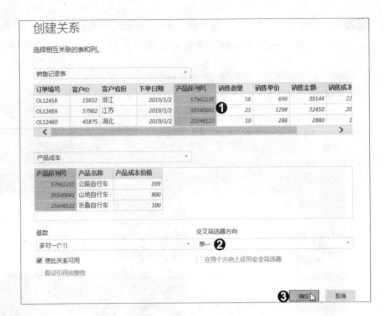

步骤04 完成关系的创建。❶返回"管理关系"对话框后就可以看到创建的关系了，应用相同的方法继续创建表关系，❷完成后单击"关闭"按钮，如下图所示。

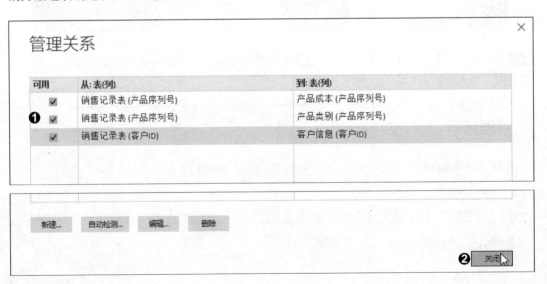

**步骤05** 查看表关系。返回Power BI Desktop窗口中，可在关系视图中看到创建的表关系效果，如下图所示。

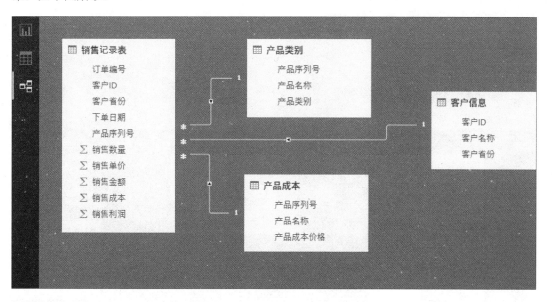

### 技巧提示

除了使用以上方法手动创建关系外，还可以直接在表的数据块上拖放想要在表之间创建连接的字段。不过通过拖放方式创建的关系可能不太符合实际的工作需要，此时就可以通过下一小节介绍的方法对关系进行编辑或删除。

## 7.2.4　编辑和删除关系

创建的关系并不一定完全符合实际的需求，而且也可能存在多余的关系，此时可通过管理关系中的功能对已有的关系进行编辑和删除操作。

◎ 原始文件：下载资源\实例文件\第7章\原始文件\编辑和删除关系.pbix
◎ 最终文件：下载资源\实例文件\第7章\最终文件\编辑和删除关系.pbix

步骤 01 管理关系。打开原始文件，在关系视图下可看到已经创建好的表关系，但是有些表之间的关系不符合实际情况，需要进行编辑或删除操作。在"开始"选项卡下的"关系"组中单击"管理关系"按钮，如下图所示。

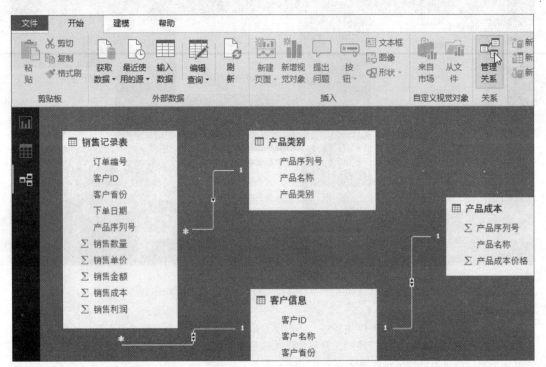

步骤 02 选择要编辑的关系。打开"管理关系"对话框，在该对话框中可看到3个关系，❶选中要编辑的关系，❷单击"编辑"按钮，如右图所示。

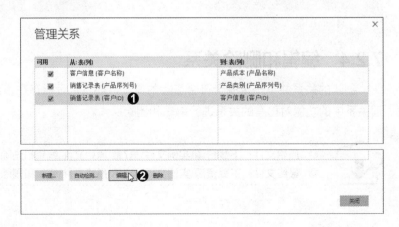

步骤 03 编辑关系。打开"编辑关系"对话框，可看到详细的关系信息，如表名、关系对应的列名、基数、交叉筛选器方向等。这里需要修改的是交叉筛选器方向，❶单击"交叉筛选器方向"右侧的下三角按钮，❷在展开的列表中单击"单一"选项，❸完成后单击"确定"按钮，如右图所示。

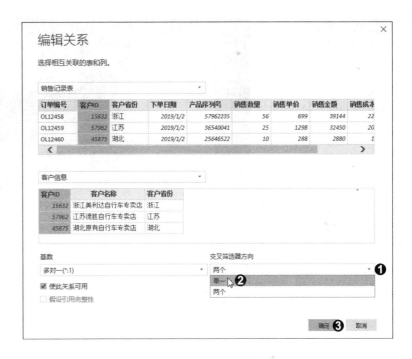

步骤 04 删除关系。返回"管理关系"对话框，❶选中要删除的关系，❷单击"删除"按钮，❸在打开的"删除关系"对话框中单击"删除"按钮，如右图所示。完成删除后，单击"关闭"按钮关闭"管理关系"对话框。

步骤05 查看编辑和删除效果。返回Power BI Desktop窗口中，在关系视图下可看到编辑和删除关系后的效果，如右图所示。

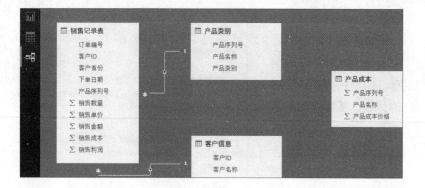

技巧提示

除了使用"管理关系"对话框中的删除功能删除关系外，还可以用以下方法删除关系：在关系视图中选中连接表的关系线，按下【Delete】键，或者直接在连接表的关系线上右击，在弹出的快捷菜单中单击"删除"命令，在弹出的"删除关系"对话框中单击"删除"按钮。

# 7.3 DAX的基础知识

DAX 是 Data Analysis Expressions 的缩写，翻译为中文是"数据分析表达式"。本节将从 DAX 的概念、语法和函数这三个方面介绍 DAX 的基础知识，为后续学习 DAX 的应用打好基础。

## 7.3.1 DAX 的概念

在 Power BI Desktop 中，导入各种类型的数据并创建报表都非常简单，无需任何 DAX 公式就可以对数据进行一定程度的处理，得出有价值的见解。但是，当分析任务较复杂时，如计算跨产品类别和不同日期范围内的增长百分比，或者计算相对于市场趋势的同比增长，就必须使用 DAX 公式来完成。

DAX 是一个专为数据模型及商业智能计算而设计的公式语言。简单来说，DAX 可帮助用户充分利用数据来创建新的信息或关系，在获取了所需信息和关系后，用户便可开始解决实际的商业智能问题。

DAX 公式类似于 Excel 公式，也由函数、运算符、常量等组成。实际上，DAX 公式有着许多与 Excel 公式相同的功能。但是，DAX 公式旨在处理交互式的切片或筛选的报表中的数据，如 Power BI Desktop 中的数据。DAX 公式与 Excel 公式的区别是：在 Excel 中，可在表中的每行使用不同的公式；而为新列创建 DAX 公式时，它将为表中的每一行计算结果，且在必要时，如刷新基础数据或更改值时，重新计算列值。

## 7.3.2  DAX 的语法

在创建 DAX 公式之前，首先需要了解 DAX 公式的语法，包括组成公式的各种元素和公式的编写方式。下面以创建一个度量值的简单 DAX 公式为例进行介绍。

以上公式包含以下语法元素：

❶ 是度量值名称，当前为"销售总量"。

❷ 是等号运算符，表示公式的开头，完成计算后将会返回结果。

❸ 是 DAX 函数，这里使用的是用于求和的 SUM 函数，将"销售记录表"的"销售数量"列中的所有数值相加。

❹ 是括号，用于括住包含一个或多个参数的表达式。几乎所有函数都至少需要一个参数，一个参数会传递一个值给函数。

❺ 是引用的表，此处为"销售记录表"。

❻ 是引用的表中的引用列，此处为"销售数量"列，使用此参数，SUM 函数就知道在哪一列上求和。

如果将以上 DAX 公式转换成人类的语言，则其中文含义为：对于名为"销售总量"的度量值，计算"销售记录表"的"销售数量"列中的值的总和。

需要注意的是，DAX 公式语法的正确性非常重要。大多数情况下，如果语法不正确，将返回语法错误；其他情况下，即使语法正确，返回的值也可能不是预期值。幸好 Power BI Desktop 的公式栏提供了建议功能，能帮助用户选择正确的元素来创建语法正确的公式。

## 7.3.3　DAX 的函数

DAX 含有一个超过 200 个函数、运算符和构造的库，在创建公式时具有很大的灵活性，利用它可以计算出几乎满足任何数据分析需求的结果。

下表介绍了各类 DAX 函数的功能及每个类别中的几个常用函数。

| 函数类别 | 函数功能 | 常用函数 |
|---|---|---|
| 日期和时间函数 | DAX 中的日期和时间函数类似于 Excel 中的日期与时间函数。但是，DAX 函数基于 Microsoft SQL Server 使用的 datetime 数据类型，并且可以采用列中的值作为参数 | DATE函数<br>DAY函数<br>NOW函数<br>TODAY函数<br>WEEKDAY函数<br>YEAR函数 |
| 时间智能函数 | 能够使用时间段（包括日、月、季度和年）对数据进行操作，然后生成和比较针对这些时间段的计算，支持商业智能分析的需要 | CLOSINGBALANCEYEAR函数<br>PARALLELPERIOD函数<br>PREVIOUSDAY函数<br>SAMEPERIODLASTYEAR函数<br>STARTOFYEAR函数<br>TOTALMTD函数 |
| 筛选器函数 | 帮助用户返回特定数据类型、在相关表中查找值、按相关值进行筛选 | CALCULATE函数<br>DISTINCT函数<br>EARLIER函数<br>EARLIEST函数<br>RELATED函数 |
| 信息函数 | 查找作为参数提供的表或列，并且指示值是否与预期的类型匹配。例如，如果引用的值包含错误，则 ISERROR 函数将返回 TRUE | ISBLANK函数<br>ISERROR函数<br>ISNONTEXT函数<br>ISNUMBER函数<br>ISTEXT函数 |

| 函数类别 | 函数功能 | 常用函数 |
|---|---|---|
| 逻辑函数 | 返回表达式中有关值或集的信息。例如，通过 IF 函数检查表达式的结果并创建条件结果 | AND函数<br>IF函数<br>IFERROR函数<br>NOT函数<br>OR函数<br>SWITCH函数 |
| 数学和三角函数 | DAX 中的数学和三角函数类似于 Excel 中的数学与三角函数。但是，DAX 函数使用的数值数据类型与 Excel 中的存在一些差别 | ABS函数<br>CURRENCY函数<br>INT函数<br>RAND函数<br>ROUND函数<br>SUM 函数 |
| 父/子函数 | 帮助用户管理数据模型中以父 / 子层次结构表示的数据 | PATHCONTAINS函数<br>PATHITEM函数<br>PATHITEMREVERSE函数 |
| 统计函数 | 提供许多用于创建聚合（如计数、求平均值或者求最小值和最大值）的函数 | AVERAGE函数<br>COUNT函数<br>COUNTA函数<br>COUNTBLANK函数<br>MAX函数<br>MIN函数 |
| 文本函数 | 用于返回部分字符串、搜索字符串中的文本、连接字符串值 | BLANK函数<br>CONCATENATE函数<br>REPLACE函数<br>SEARCH函数<br>UPPER函数 |
| 其他函数 | 执行任何类别函数都无法定义的唯一操作 | DATATABLE函数<br>ERROR函数<br>GENERATESERIES函数<br>SUMMARIZECOLUMNS函数<br>UNION函数 |

熟悉 Excel 函数的用户会发现有很多 DAX 函数与 Excel 函数相似，但是，DAX 函数在以下几个方面具有独一无二之处。

• DAX 函数始终引用完整列或表，而不会采用单元格或单元格区域作为引用。

• DAX 函数包括许多会返回表而非值的函数。

• DAX 函数包括各种时间智能函数。这些函数可定义或选择日期范围，并基于此范围执行动态计算。

# 7.4  DAX应用举例

要了解 DAX，最佳的方式是动手创建一些基本公式来处理一些实际数据。如果有一定的 Excel 公式与函数基础，相信在实践中很快就能熟悉 DAX。本节将重点介绍计算中使用的 DAX 公式，更确切地说，是度量值、计算列和计算表中使用的 DAX 公式。而通过 DAX 公式建立的度量值、列和表在报表视图中的应用将在第 11 章中详细介绍。

## 7.4.1  创建度量值

度量值是用 DAX 公式创建的一个只有名称显示在"字段"窗格而无实际数据的字段，它不改变源数据，也不改变数据模型，也就是说，度量值不会占用报表内存，只有在使用度量值创建视觉对象时才会执行计算。此外，度量值还可以循环使用，即一个度量值可用于创建另一个度量值，所以，在模型中新建度量值时，建议从最简单的度量值开始创建。

本小节将在 Power BI Desktop 中利用"销售记录表"中的"销售金额"字段及 DAX 中的 SUM 函数创建"1 月销售总额"字段，再利用该字段创建"2 月销售预测"字段，以帮助读者理解和掌握度量值的概念与应用。

◎  原始文件：下载资源\实例文件\第7章\原始文件\创建度量值.pbix
◎  最终文件：下载资源\实例文件\第7章\最终文件\创建度量值.pbix

步骤01 创建度量值。打开原始文件，❶在数据视图中切换至计划使用度量值的表中，❷切换至"建模"选项卡，❸在"计算"组中单击"新建度量值"按钮，如下左图所示。❹在公式栏中可看到自动输入的DAX公式，如下右图所示。默认情况下，新度量值的名称就是"度量值"，如果不进行重命名，其他新度量值将被命名为"度量值2""度量值3"……，依次类推。

### 技巧提示

　　度量值可以在任何一个表中创建，但本书建议在计划使用该度量值的位置创建，这样在使用时会更容易找到该度量值。

步骤02 输入DAX公式。如果希望度量值更易于识别，❶可在公式栏中将"度量值"更改为"1月销售总额"，在"="后输入函数"SUM"及英文状态下的"("，此时Power BI Desktop会显示相关的数据字段列表，并显示解释函数语法和函数参数的提示信息，❷在字段列表中双击要输入的字段名，如下图所示。

步骤 03 完成度量值的创建。完成字段的选择后，❶输入英文状态下的"）"，完成公式的输入，再按下【Enter】键，❷即可在右侧的"字段"窗格中看到创建的"1月销售总额"度量值，如下图所示。

步骤 04 继续创建度量值。现要根据1月的销售总额及2%的业务增长率预测2月的销售总额。❶启动"新建度量值"功能，在公式栏中输入公式"2月销售预测 = [1月销售总额]*1.02"，按下【Enter】键，完成"2月销售预测"度量值的创建，❷可在右侧的"字段"窗格中看到创建的度量值，如下图所示。创建好的度量值可直接在报表视图中使用。

**技巧提示**

如果创建度量值的公式很长，可通过按【Alt+Enter】组合键在公式栏中强制换行。

## 7.4.2　创建计算列

若已有的数据表不包含所需字段，在 Power BI Desktop 中可通过计算列功能利用已有的字段生成需要的字段，通过该方式创建的字段会自动添加到已有的数据表中。

本小节将在 Power BI Desktop 中利用"销售记录表"中已有的字段创建"销售利润""产品信息""销售等级"字段。

◎　原始文件：下载资源\实例文件\第7章\原始文件\创建计算列.pbix
◎　最终文件：下载资源\实例文件\第7章\最终文件\创建计算列.pbix

步骤01 新建列。打开原始文件，❶在数据视图下切换至要添加新列的表中，❷切换至"建模"选项卡，❸在"计算"组中单击"新建列"按钮，如下图所示。

步骤02 选择计算字段。
❶此时在表中将添加一列
空白列，❷在显示的公式
栏中将原有的列名修改为
"销售利润"，在"="后
输入英文状态下的"（"和
"["，随后会显示匹配的
字段列表，❸在列表中双击
要使用的计算字段"[销售
单价]"，如右图所示。

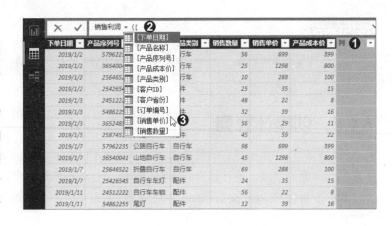

步骤03 完成新列的创建。
❶继续在公式栏中输入运
算符并选择合适的字段，
❷完成后按下【Enter】
键，可看到创建的"销售
利润"列，如右图所示。

步骤04 创建"产品信息"
列。在"建模"选项卡下
的"计算"组中单击"新
建列"按钮，启动新建列
功能，❶在公式栏中输入
公式"产品信息 = [产品类
别]&"-"&[产品名称]"，按
下【Enter】键，❷可看到
创建的"产品信息"列，
如右图所示。

步骤 05　创建 "销售等级" 列。再次启动新建列功能，❶在公式栏中输入公式 "销售等级 = IF([销售数量]>=80,"优秀",IF([销售数量]>=50,"良好","差"))"，按下【Enter】键，❷可看到创建的 "销售等级" 列，❸在 "字段" 窗格中还可看到创建的3个计算列字段前的图标与表中其他字段前的图标有明显区别，如下图所示。

### 技巧提示

如果要删除创建的计算列字段或原有的表格字段，可在字段的列标题上右击，在弹出的快捷菜单中单击 "删除" 命令。

## 7.4.3　创建新表

第 4 章中介绍了在 Power BI Desktop 中获取数据的方法，既可以直接创建空白表并输入数据，也可以将外部的各种数据源导入为表。本小节要介绍的则是如何利用已加载到模型中的数据创建新表，其原理相同，都是结合 "新表" 功能和 DAX 函数，具体方式有四种，下面分别做详细介绍。

### 1. 合并多个数据表

要将现有的多个数据结构相同的表合并为一个表，可结合使用"新表"功能及 DAX 中的 UNION 函数来完成。

下面利用 UNION 函数将 6 个表中的月采购数据合并到一个新表中，以便整体查看上半年的采购数据。

◎ 原始文件：下载资源\实例文件\第7章\原始文件\合并多个数据表.pbix
◎ 最终文件：下载资源\实例文件\第7章\最终文件\合并多个数据表.pbix

打开原始文件，❶切换至数据视图，❷在"建模"选项卡下的"计算"组中单击"新表"按钮，❸在公式栏中输入"上半年采购情况 = UNION('1 月 ','2 月 ','3 月 ','4 月 ','5 月 ','6 月 ')"，按下【Enter】键，❹可看到将 6 个表中的数据合并在一个新表中的效果，在右侧的"字段"窗格中还可以看到新建的表及表中的标题字段，如下图所示。

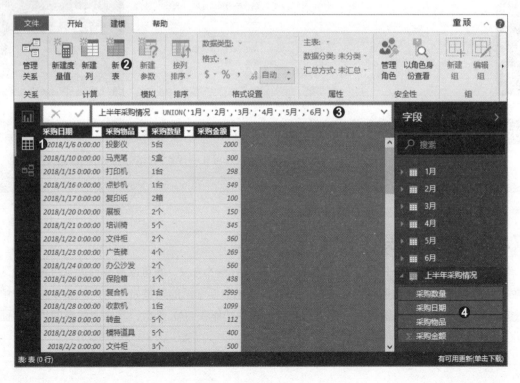

**技巧提示**

　　UNION函数的功能是纵向追加数据，参数就是表名，其和Power Query编辑器中的追加合并功能相同。

## 2. 合并联结两个表

　　如果要把两个表通过某个字段进行合并联结，可以通过"新表"功能和 DAX 中的 NATURALINNERJOIN 函数来实现。需要注意的是，联结的两个表中要存在具有关系的相同内容的公共列，如果这两个表没有公共列，将返回一个错误值。

　　下面利用 NATURALINNERJOIN 函数将具有公式列的两个表的数据合并到一个表中，以便于查看数据。

　　◎　原始文件：下载资源\实例文件\第7章\原始文件\合并联结两个表.pbix
　　◎　最终文件：下载资源\实例文件\第7章\最终文件\合并联结两个表.pbix

步骤01 建立关系。打开原始文件，要想合并联结两个表，首先需要将"销售记录表"中的"产品序列号"列和"产品类别"中的"产品序列"列建立关系。❶切换至关系视图，❷将"销售记录表"数据块中的"产品序列号"字段拖动到"产品类别"数据块中的"产品序列"字段上，随后可看到两个表之间建立的关系，如下图所示。

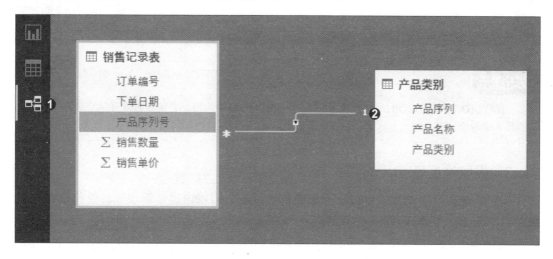

**步骤02** 合并联结两个表。❶切换至数据视图，❷在"建模"选项卡下的"计算"组中单击"新表"按钮，❸在公式栏中输入"销售记录新表 = NATURALINNERJOIN('销售记录表','产品类别')"，按下【Enter】键，❹即可看到新建的表中自动把"产品类别"中每种产品的"产品名称"和"产品类别"数据匹配进"销售记录表"的每条记录中，如下图所示。

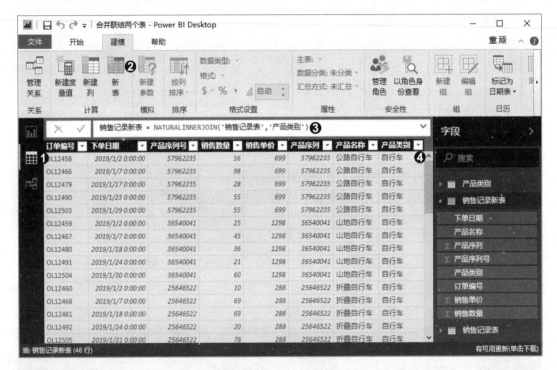

技巧提示

NATURALINNERJOIN函数类似于Excel中的VLOOKUP函数，它的参数就是两个表，要注意的是，这两个表有前后之分，第一个表是基础表，第二个表是联结表。

### 3. 提取维度表

如果要根据现有的数据字段提取需要的维度表，可以通过"新表"功能和DAX中的DISTINCT函数来提取一列中不重复的值。

下面利用 DISTINCT 函数提取"销售记录表"中不重复的"产品名称"数据，并将其保存到新建的"产品表"中。

◎ 原始文件：下载资源\实例文件\第7章\原始文件\提取维度表.pbix
◎ 最终文件：下载资源\实例文件\第7章\最终文件\提取维度表.pbix

打开原始文件，❶切换至数据视图，❷在"建模"选项卡下的"计算"组中单击"新表"按钮，❸在公式栏中输入"产品表 = DISTINCT(' 销售记录表 '[ 产品名称 ])"，按下【Enter】键，❹可看到新建了一个"产品表"，其中保存了"销售记录表"的"产品名称"列中不重复的值，如下图所示。

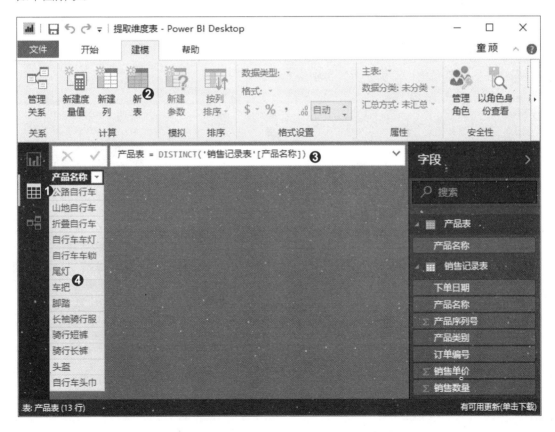

### 4. 新增空表并移动度量值

当模型中新建的度量值比较多时，可新建一个空表用于专门放置度量值，以方便统一查看和管理度量值。下面利用 DAX 中的 ROW 函数和 BLANK 函数新建一个空表，再将创建的度量值移动到该表中。

◎ 原始文件：下载资源\实例文件\第7章\原始文件\新增空表并移动度量值.pbix
◎ 最终文件：下载资源\实例文件\第7章\最终文件\新增空表并移动度量值.pbix

步骤01 新建空表。打开原始文件，❶切换至数据视图，❷在"建模"选项卡下的"计算"组中单击"新表"按钮，❸在公式栏中输入"度量值表 = ROW("度量值", BLANK())"，按下【Enter】键，❹可看到新建的名为"度量值表"的表，表中只有一个空白的"度量值"列，如下图所示。

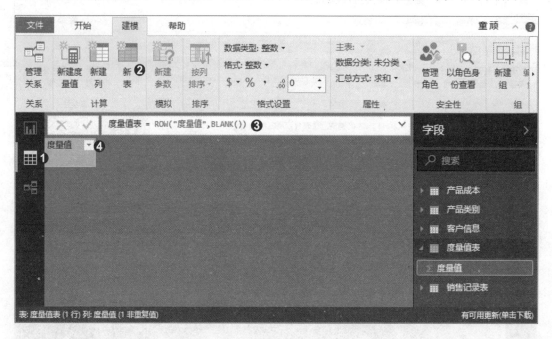

步骤02 移动度量值。❶在"字段"窗格中选中要移动的度量值，❷切换至"建模"选项卡，❸在"属性"组中单击"主表"按钮，❹在展开的列表中单击新建的"度量值表"，如下图所示。

**步骤 03** 完成度量值的移动。应用相同的方法将其他度量值移动至新建的表中，最终效果如下图所示。

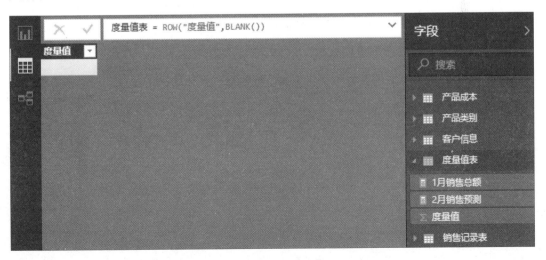

# 第 8 章
# 数据可视化

前面讲解了数据的获取、整理和建模，这些工作实际上是在为数据可视化做准备。数据可视化能够帮助企业有效地简化庞杂的数据，快速挖掘出有价值的信息，合理地分析现状和预测未来，从而做出科学的经营决策。

使用 Excel 制作的图表其实就是一种数据可视化的形式。但若要对庞杂的数据进行多角度分析，Excel 就难以胜任了。Power BI 作为一种交互式的数据可视化工具，将数据可视化的过程变得更加简单、灵活和智能。

# 8.1 创建Power BI报表

要在 Power BI Desktop 中进行数据可视化，首先需要创建报表。前面介绍 Power BI 的构建基块时提到过，报表是视觉对象的集合，因此，创建报表要从制作视觉对象开始。Power BI Desktop 中预置了类型丰富的经典视觉对象，还可以通过导入自定义视觉对象来扩充视觉对象的类型。

## 8.1.1 经典视觉对象的制作

Power BI Desktop 中预置的经典视觉对象包括柱形图、条形图、折线图、饼图、地图、仪表、卡片图等。每种视觉对象有各自的特点和适用范围，在实际工作中要根据数据的情况和可视化分析的需求来选择视觉对象的类型。下面介绍制作视觉对象的基本方法。

◎ 原始文件：下载资源\实例文件\第8章\原始文件\经典视觉对象的制作.pbix
◎ 最终文件：下载资源\实例文件\第8章\最终文件\经典视觉对象的制作.pbix

**步骤01** 创建视觉对象。打开原始文件，❶在Power BI Desktop窗口右侧的"字段"窗格中勾选"1月"表中要用视觉对象展示的字段前的复选框，❷在"可视化"窗格中单击要创建的视觉对象类型，如"簇状条形图"，如下左图所示。❸此时可在窗口的画布中看到创建的视觉对象，将鼠标指针放置在视觉对象的右下角，当鼠标指针变为形状时，按住鼠标左键不放向外拖动，如下右图所示。拖到合适的大小后释放鼠标左键，即可调整视觉对象的大小。

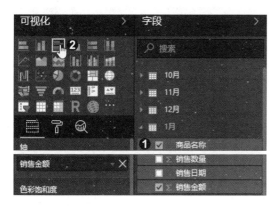

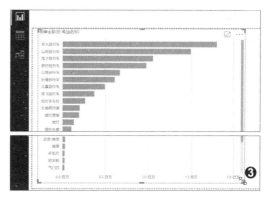

步骤02 继续创建视觉对象。继续在"字段"窗格中勾选字段，在"可视化"窗格中选择视觉对象，制作出如下图所示的页面效果。

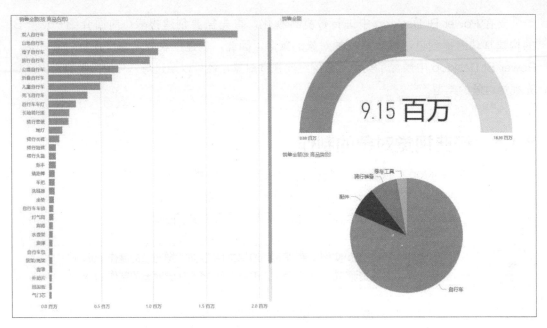

步骤03 新建页并创建视觉对象。❶在窗口底部的页面选项卡中单击"新建页"按钮，如下左图所示。此时会在窗口中新建一页画布，❷在窗口右侧的"字段"窗格中勾选"2月"表中要可视化的字段前的复选框，❸在"可视化"窗格中单击"树状图"，如下右图所示。

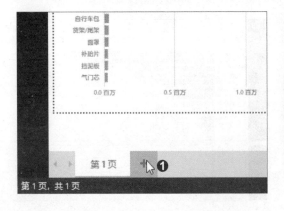

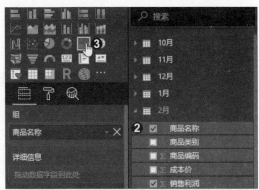

步骤 04 查看视觉对象。此时在新增的画布中可看到新建的视觉对象，调整视觉对象的大小，效果如下图所示。

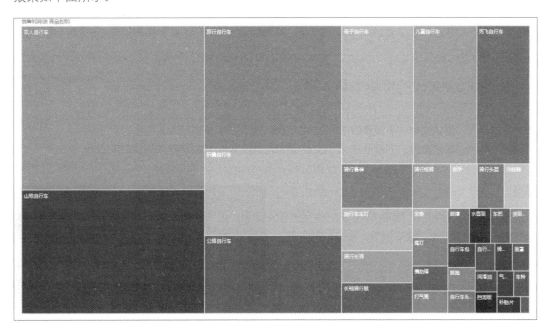

步骤 05 重命名页。为便于区分各页的内容，可对页进行重命名。❶在窗口底部的页面选项卡中右击要重命名的页标签，❷在弹出的快捷菜单中单击"重命名页"命令，如下左图所示。❸可看到页标签中的名称呈可编辑的状态，输入新的报表页名称，按下【Enter】键，即可完成报表页的重命名，应用相同的方法重命名其他报表页，最终效果如下右图所示。

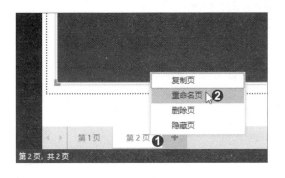

## 8.1.2 添加自定义视觉对象

预置的视觉对象类型虽然已算丰富，但仍然不能完全满足多变的数据可视化需求，因此，Power BI Desktop 提供了添加自定义视觉对象的功能。获取自定义视觉对象的途径有两个，下面分别详细介绍。

### 1. 从Power BI的市场中导入自定义视觉对象

◎ 原始文件：下载资源\实例文件\第8章\原始文件\从市场导入视觉对象.pbix
◎ 最终文件：下载资源\实例文件\第8章\最终文件\从市场导入视觉对象.pbix

步骤01 从市场导入视觉对象。打开原始文件，❶在"可视化"窗格中单击"导入自定义视觉对象"按钮，❷在展开的列表中单击"从市场导入"选项，如右图所示。

步骤02 选择要导入的视觉对象。打开"Power BI视觉对象"对话框，在对话框的左侧可看到多个视觉对象的分类，单击感兴趣的分类，即可在右侧的列表中查看该分类下的视觉对象。在列表中滚动浏览视觉对象，找到并单击要导入的视觉对象，如右图所示。

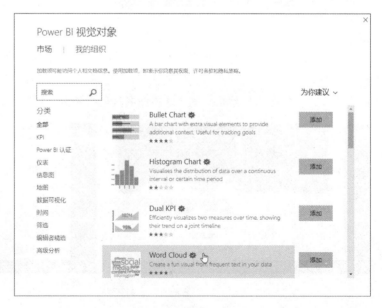

步骤03 添加视觉对象。此时会进入所单击的视觉对象的详情界面，可看到该视觉对象的版本、发布日期、示例图片、详细说明等内容。如果确定要添加该视觉对象，则在对话框中单击"添加"按钮，如下图所示。添加完成后，会弹出"导入自定义视觉对象"对话框，直接单击"确定"按钮即可。

步骤04 创建视觉对象并查看报表。随后可在Power BI Desktop窗口的"可视化"窗格中看到导入的自定义视觉对象的图标。❶在"字段"窗格中勾选要展示的字段前的复选框，❷在"可视化"窗格中单击导入的自定义视觉对象，如下左图所示。在窗口的画布中可看到根据勾选的字段和导入的自定义视觉对象制作而成的报表，如下右图所示。可明显看出双人自行车的销售利润最高。

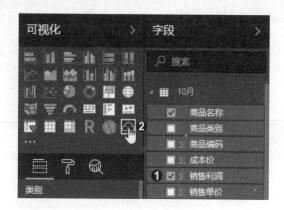

**技巧提示**

在某个报表中导入的自定义视觉对象只能在该报表中使用，若要在其他报表中也使用此视觉对象，还需要重新导入一次。

## 2. 从Microsoft AppSource下载自定义视觉对象并导入Power BI Desktop

◎ 原始文件：下载资源\实例文件\第8章\原始文件\从文件导入视觉对象.pbix
◎ 最终文件：下载资源\实例文件\第8章\最终文件\从文件导入视觉对象.pbix

步骤01 进入"应用"界面。❶打开网页浏览器，在地址栏中输入Microsoft AppSource的网址"https://appsource.microsoft.com/zh-cn/"，按下【Enter】键，❷在打开的网页顶部将鼠标指针放在"应用"链接上，在弹出的列表中单击"应用"链接，如下图所示。

步骤02 查找Power BI视觉对象。进入"应用"界面后，可看到各种类别的应用，由于要查找的是Power BI的自定义视觉对象，因此在左侧的导航列表中单击"Power BI visuals"，即"Power BI视觉对象"，以缩小查找范围，如下图所示。

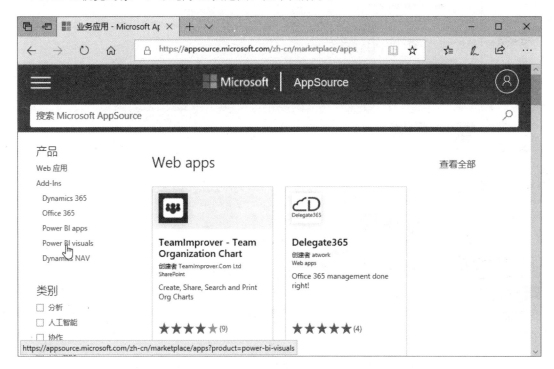

步骤03 选择要查看的视觉对象。在新界面中可看到每个自定义视觉对象的磁贴，每个磁贴上均显示了该视觉对象的图标、简短说明等内容，如需了解更多详情，可单击要查看的视觉对象磁贴，如右图所示。

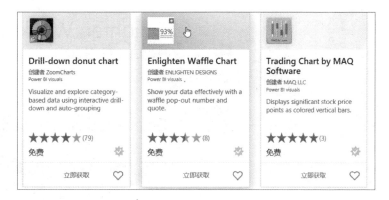

步骤 04 下载视觉对象。随后会进入视觉对象的详情界面，可以看到该视觉对象的详细功能介绍等内容，如果要下载该视觉对象，则单击"立即获取"按钮，如下图所示。

步骤 05 完成下载。在新界面中单击该视觉对象的下载链接，如下图所示。在后续步骤中根据提示信息登录账户并同意使用条款，然后将下载的文件保存到合适的位置。可继续使用相同的方法下载其他的自定义视觉对象。

步骤 06 从文件导入视觉对象。打开原始文件，❶在"可视化"窗格中单击"导入自定义视觉对象"按钮，❷在展开的列表中单击"从文件导入"选项，如右图所示。在打开的"注意：导入自定义视觉对象"对话框中单击"导入"按钮，若不想在下次导入视觉对象文件时出现该对话框，可勾选"不再显示此对话框"复选框后单击"导入"按钮。

步骤 07 导入并创建视觉对象。❶在"打开"对话框中进入下载的视觉对象的保存位置，❷选择要导入的视觉对象文件，❸单击"打开"按钮，如下左图所示。随后弹出"导入自定义视觉对象"对话框，单击"确定"按钮即可。应用相同的方法导入其他自定义视觉对象，在"可视化"窗格中可看到导入的自定义视觉对象的图标。❹在"字段"窗格中勾选字段，❺在"可视化"窗格中单击要使用的自定义视觉对象图标，如下右图所示。

步骤 08 查看创建的视觉对象。在窗口的画布中可看到制作的视觉对象效果，如下图所示。可以清晰地看到各个商品类别及各类别下的商品名称，还可以根据商品类别圆圈的大小看出自行车类商品的销售金额最高。

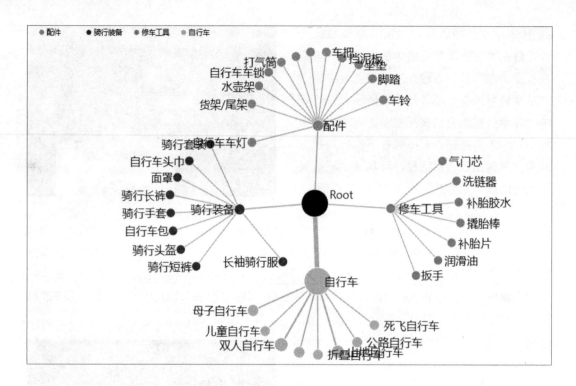

# 8.2 Power BI报表的基本操作

在报表中添加了视觉对象只是完成了基本的报表创建工作，而要实现数据的可视化，还需要进一步完善报表，如按分析需求筛选数据，添加文本框、链接、形状、书签、按钮等让报表更便于阅读。

## 8.2.1 在报表中使用筛选器筛选数据

为了在报表的视觉对象中显示最关心的数据或对数据进行更深入的探索，可使用 Power BI Desktop 中的筛选器功能来筛选数据。

本小节以簇状柱形图视觉对象为例，介绍几种常见的筛选方式，如基本筛选、高级筛选、值字段筛选。

步骤01 进行基本筛选。打开原始文件，❶选中要进行筛选的视觉对象，❷在"可视化"窗格中切换至"字段"选项卡，❸在"筛选器"下单击要筛选字段右侧的"扩展"按钮，❹在展开的筛选界面中勾选要显示的值复选框，即可看到筛选后的视觉对象效果，如下图所示。

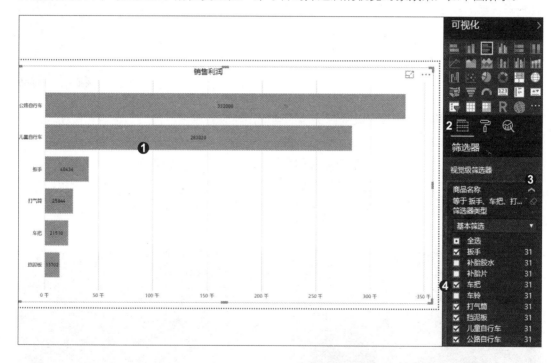

步骤02 清除筛选器。如果要返回未筛选时的效果，可在"筛选器"下单击"清除筛选器"按钮，如右图所示。

161

步骤 03 单选字段。如果只想筛选出字段中的某一个值，❶则在"筛选器"下勾选"需要单选"复选框，❷再勾选要筛选出的单个值的复选框，❸即可看到筛选后的视觉对象效果，如右图所示。

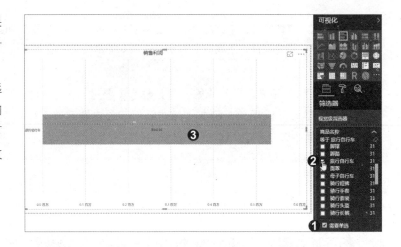

步骤 04 进行高级筛选。如果要改变筛选器的类型，则应先单击"清除筛选器"按钮取消筛选，❶再单击"筛选器类型"下拉列表框，❷在展开的列表中单击"高级筛选"选项，如下左图所示。❸设置"显示值满足以下条件的项"为"不包含"，❹并在下方的文本框中输入不包含的内容为"自行车"，❺完成设置后单击"应用筛选器"按钮，如下右图所示。在该步骤中，可以看到筛选器类型除了前面应用到的"基本筛选"和"高级筛选"，还有一种"前N个"筛选方式，其用于筛选排名最前N位或最后N位的数据。

**步骤05** 查看高级筛选效果。完成高级筛选的设置后，可看到视觉对象只显示名称中不包含"自行车"的商品的销售利润，如下图所示。

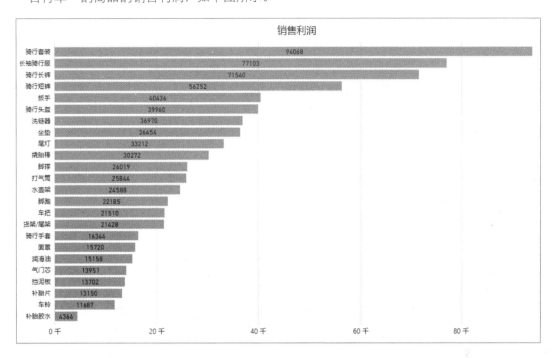

**步骤06** 筛选值字段。单击"清除筛选器"按钮取消筛选，❶在"筛选器"下单击"销售利润（全部）"右侧的"扩展"按钮，❷在展开的筛选界面中设置"显示值满足以下条件的项"为"大于或等于"，❸在文本框中输入要大于或等于的值"40000"，❹单击"应用筛选器"按钮，如右图所示。

步骤07 查看筛选效果。完成值字段的筛选后，可看到视觉对象中显示的都是销售利润大于或等于40000的商品数据，如下图所示。

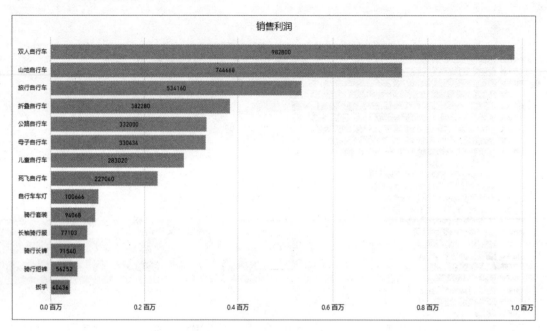

## 8.2.2　在报表中插入文本框并添加链接

当报表中视觉对象标题的信息量不足时，可添加文本框来丰富报表内容。此外，还可以在文本框中添加链接来跳转到网页。

本小节将在报表中插入文本框并添加文字，说明报表中散点图视觉对象的 X 轴、Y 轴、十字线所代表的值，并在文本框中添加跳转到介绍散点图相关知识的网页链接，让读者可以了解更多信息。需要注意的是，若报表中有太多文本，读者对视觉对象的注意力会被分散，所以，文本框中添加的内容应该简洁明了。

◎　原始文件：下载资源\实例文件\第8章\原始文件\在报表中插入文本框并添加链接.pbix
◎　最终文件：下载资源\实例文件\第8章\最终文件\在报表中插入文本框并添加链接.pbix

步骤 01 插入文本框并设置格式。打开原始文件，❶在"开始"选项卡下的"插入"组中单击"文本框"按钮，在画布中可看到插入的文本框，❷在文本框中输入文本内容，输入过程中可按【Enter】键换行，❸选中输入的文本，在文本框上方的浮动工具栏中设置所选文本的格式，如右图所示。

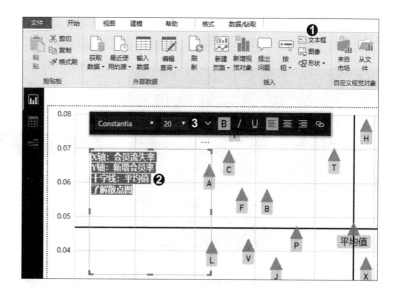

步骤 02 调整文本框的大小和位置。❶将鼠标指针放置在文本框边框的控点上，如下左图所示。按住鼠标左键不放向内或向外拖动，可调整文本框的大小，此处文本框的空白位置太多，则向内拖动以减小文本框。❷将鼠标指针放置在文本框的边框上，按住鼠标左键不放并拖动，如下右图所示，拖动至合适的位置后释放鼠标左键即可。

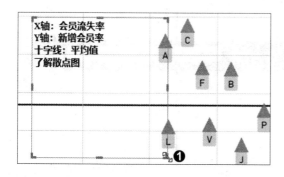

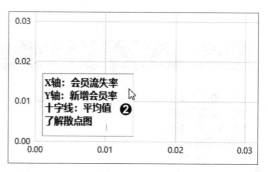

步骤 03 设置文本框背景。保持文本框的选中状态，❶在窗口右侧的"可视化"窗格中单击"背景"右侧的滑块，启动背景设置功能，❷单击"背景"左侧的展开按钮，❸在详细界面中设置好文本框的背景颜色和透明度，如下左图所示。

步骤 04 在文本框中插入链接。❶在文本框中拖动选中要添加链接的文本内容，❷在文本框上方的浮动工具栏中单击"插入链接"按钮，如下右图所示。

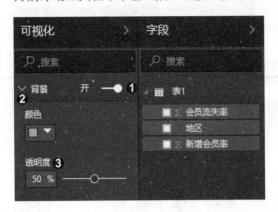

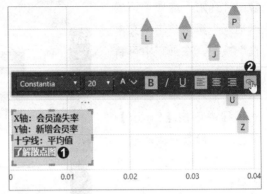

步骤 05 完成链接的插入。❶在"插入链接"按钮后的文本框中输入或粘贴链接地址，如"https://docs.microsoft.com/zh-cn/power-bi/visuals/power-bi-visualization-scatter"，❷单击"完成"按钮，如下图所示。

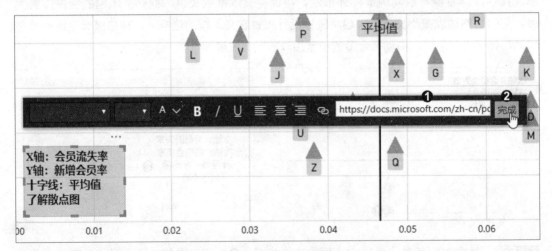

步骤 06 测试链接。完成链接的添加后，如果要测试链接的打开效果，❶将光标放置在添加了链接的文本的任何位置，❷在浮动工具栏中单击显示的链接地址，如下图所示，即可在打开的浏览器窗口中看到链接地址对应的网页。

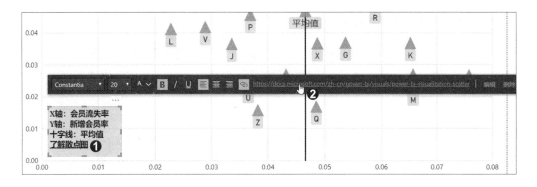

**步骤07** 查看效果。完成文本框的插入及链接的添加后，可在画布中看到如下图所示的报表效果。可通过文本框内容了解X轴、Y轴、十字线所代表的值，还可通过插入的链接了解散点图的更多信息。

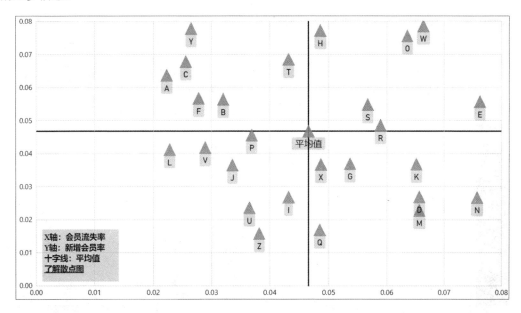

**技巧提示**

　　如果要对添加的链接进行编辑或删除操作，可将光标放置在添加了链接的文本的任何位置，在浮动工具栏中单击链接地址后的"编辑"或"删除"按钮。

### 8.2.3 在报表中添加形状

在报表中添加形状可以突出显示重要数据，有助于读者理解报表内容。在 Power BI Desktop 中可以添加的形状有矩形、椭圆、三角形、直线、箭头。本小节以添加椭圆为例讲解具体操作。

◎ 原始文件：下载资源\实例文件\第8章\原始文件\在报表中添加形状.pbix
◎ 最终文件：下载资源\实例文件\第8章\最终文件\在报表中添加形状.pbix

步骤01 插入形状。打开原始文件，❶在"开始"选项卡下的"插入"组中单击"形状"按钮，❷在展开的列表中选择要添加的形状，如"椭圆"，如下图所示。在此报表中添加椭圆是为了圈出要突出显示的地区。

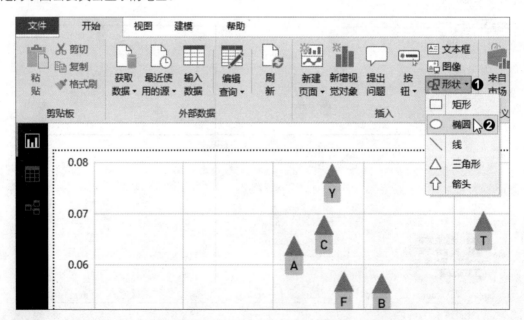

步骤02 调整形状的大小和位置。❶将鼠标指针放置在形状边框的控点上，如下左图所示。按住鼠标左键不放并向内拖动以减小形状。❷将鼠标指针放置在形状的边框上，按住鼠标左键不放并拖动，如下右图所示，拖动至合适的位置后释放鼠标左键。

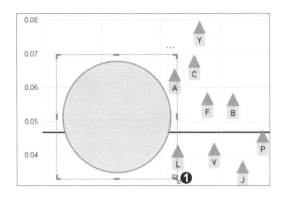

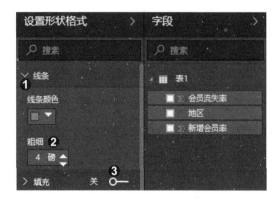

**步骤 03** 设置形状格式。此时会发现形状将代表 B 地区的数据点覆盖了，形状的描边颜色也不够醒目，因此下面通过设置形状格式来完善效果。保持形状的选中状态，❶在窗口右侧的"设置形状格式"窗格中单击"线条"左侧的展开按钮，❷在详细界面中设置线条的颜色和粗细，❸单击"填充"右侧的滑块，取消填充效果，如右图所示。

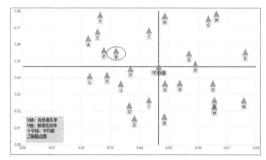

**步骤 04** 查看效果。此时在画布中查看，会发现视线立即被吸引到 B 地区的数据点上，如右图所示。

**技巧提示**

除了插入形状，还可以单击"插入"组中的"图像"按钮，插入图像来完善报表内容。

## 8.2.4 巧用书签制作导航栏

书签的用途有许多，例如：帮助捕获当前配置的报表页；跟踪自己的报表创建进度；还可以通过创建一系列书签，将其按所需的顺序排列，随后在演示中逐个展示，突出显示一系列见解。

书签还常常用于制作导航栏，以方便报表的读者快速切换到需要查看的报表页或视觉对象中。本小节将讲解利用书签制作导航栏的两种方法。

> **技巧提示**
>
> 自2018年3月版的Power BI Desktop起，在"视图"选项卡下可直接使用书签功能。而在此之前的版本中需手动启用书签功能，具体方法为：单击"文件"按钮，在打开的菜单中单击"选项和设置>选项"命令，打开"选项"对话框，在"预览功能"界面中勾选"书签"复选框。

### 1. 使用书签制作导航栏

◎ 原始文件：下载资源\实例文件\第8章\原始文件\使用书签制作导航栏.pbix
◎ 最终文件：下载资源\实例文件\第8章\最终文件\使用书签制作导航栏.pbix

步骤01 添加书签。打开原始文件，❶切换至要添加为书签的报表页，如"第3页"，❷在"视图"选项卡下的"显示"组中勾选"书签窗格"复选框，❸在窗口右侧出现的"书签"窗格中单击"添加"按钮，如右图所示。

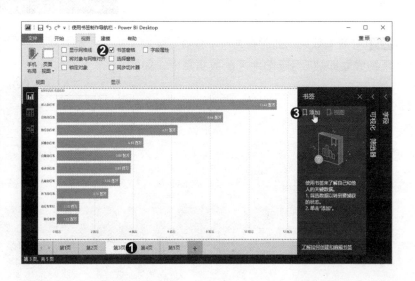

步骤02 重命名书签。此时Power BI Desktop 会创建书签，并为其提供一个通用名称。如果要便于区分每个书签所对应的内容，可为其重命名。❶右击该书签名，❷在弹出的快捷菜单中单击"重命名"命令，如右图所示。随后书签名会呈可编辑状态，删除原有的书签名，输入新的书签名，按下【Enter】键确认。

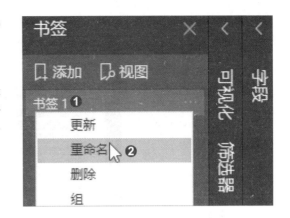

步骤03 使用书签。继续应用相同的方法切换至要添加书签的报表页，并单击"添加"按钮添加书签。完成全部书签的添加和重命名后，就可以在"书签"窗格中使用书签来导航。单击要查看的书签，如下图所示。

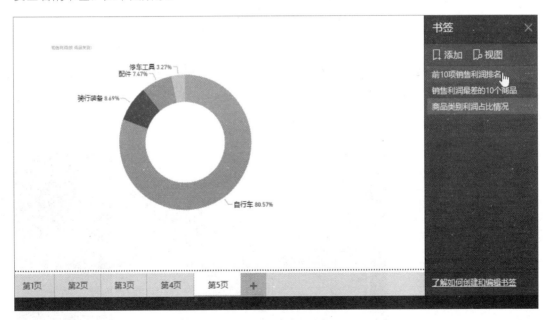

步骤04 查看使用书签跳转的效果。此时窗口中会自动跳转到所单击的书签对应的报表页中，如下图所示。

**技巧提示**

创建书签后，如果发现书签的排列顺序并不是想要达到的效果，可在"书签"窗格中拖动书签，对书签重新进行排序。

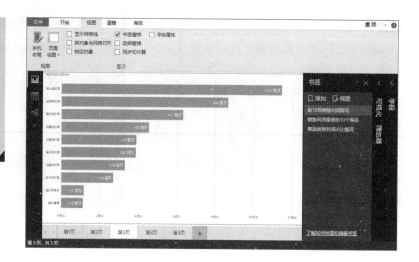

## 2. 结合使用书签与按钮制作导航栏

◎ 原始文件：下载资源\实例文件\第8章\原始文件\结合使用书签与按钮制作导航栏.pbix
◎ 最终文件：下载资源\实例文件\第8章\最终文件\结合使用书签与按钮制作导航栏.pbix

 添加书签。打开原始文件，❶切换至要添加书签的报表页，❷在"视图"选项卡下勾选"书签窗格"复选框，❸在右侧打开的"书签"窗格中单击"添加"按钮来添加书签，并双击书签名称，为书签重命名，如右图所示。

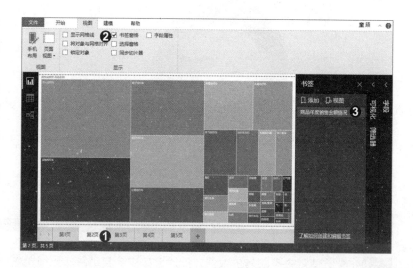

**步骤 02** 插入按钮。完成书签的添加后,接着通过插入按钮来制作导航栏的外观。切换至要插入按钮的报表页,❶在"开始"选项卡下的"插入"组中单击"按钮"按钮,❷在展开的列表中单击"右箭头"选项,如下图所示。

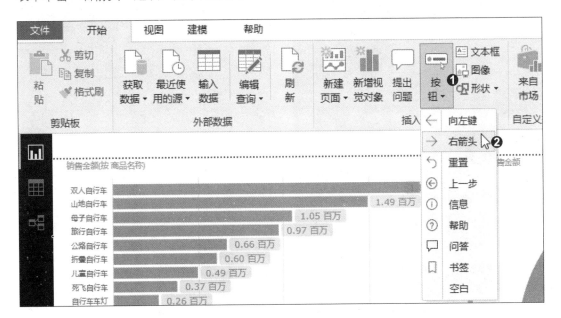

**步骤 03** 美化按钮。完成按钮的插入后,调整按钮的大小和位置,保持按钮的选中状态,❶在右侧的"可视化"窗格中单击"按钮文本"右侧的滑块,启用该选项,❷单击"按钮文本"左侧的展开按钮,❸在详细界面中的"按钮文本"文本框中输入步骤01中添加的书签名称,即"商品年度销售金额情况",❹接着设置文本的"字体颜色""填充""垂直对齐""水平对齐""文本大小"等选项,如下左图所示。

**步骤 04** 关联按钮与书签。在"可视化"窗格中还可以对按钮的"图标""边框""填充"等选项进行设置。完成按钮的美化后,就可以将按钮与书签关联,实现导航栏的功能。❶单击"操作"右侧的滑块,启用该选项,❷单击"操作"左侧的展开按钮,❸在详细界面中设置"类型"为"书签",❹设置"书签"为步骤01中添加的书签,如下右图所示。这样便完成了导航栏的制作。

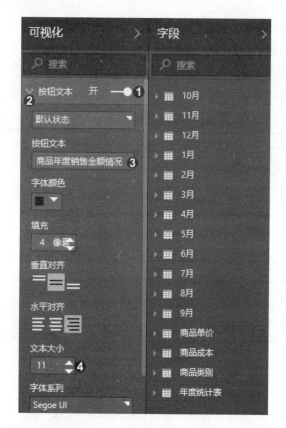
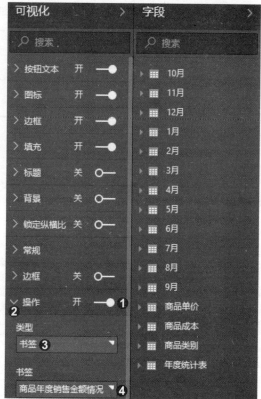

　　除了结合使用书签与按钮制作导航栏，还可以结合使用书签与图像制作导航栏，具体方法与上面的类似。但图像不像按钮那样可以添加文本，为了让报表的读者知晓图像对应的书签内容，可在"操作"选项的详细界面中的"工具提示"文本框中输入提示书签内容的文本，读者在阅读报表时将鼠标指针放在图像上，就能看到该提示文本。

**步骤05** 测试导航栏功能。按住【Ctrl】键不放，单击制作的右箭头按钮，如下图所示，即可跳转至该按钮关联的书签所对应的报表页中。

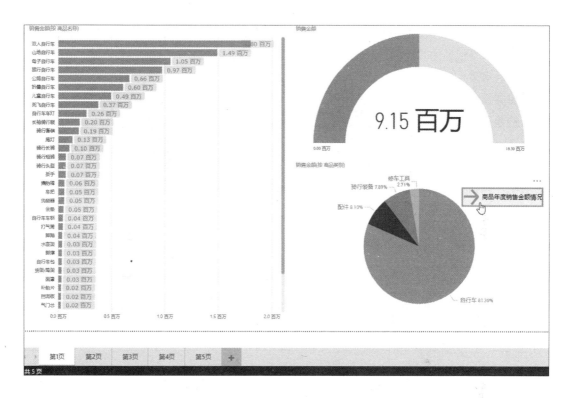

## 8.2.5 更改视觉对象在报表中的交互方式

默认情况下，在 Power BI Desktop 中筛选某个视觉对象中的字段时，筛选的条件会应用于该报表中的所有视觉对象，但这可能并不是想要实现的效果，此时就需要在报表中更改视觉对象的交互方式。

本小节以单独更改饼图视觉对象的交互方式为筛选无作用为例，对编辑交互功能的使用进行详细介绍。

◎ 原始文件：下载资源\实例文件\第8章\原始文件\更改视觉对象在报表中的交互方式.pbix
◎ 最终文件：下载资源\实例文件\第8章\最终文件\更改视觉对象在报表中的交互方式.pbix

**步骤 01** 突出显示数据。打开原始文件，在画布中单击条形图中的某个字段，即可突出显示画布中与该字段相关的其他视觉对象，而未突出显示的数据虽然仍可见，但会变暗，如下图所示。此时可发现饼图突出显示后的效果没有意义，接下来通过编辑交互功能，将饼图设置为不响应筛选操作。

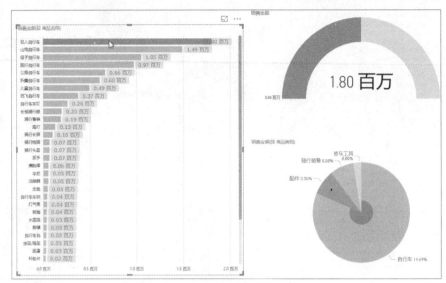

**步骤 02** 启动编辑交互功能。❶选中任意一个视觉对象，❷切换至"可视化工具-格式"选项卡，❸在"交互"组中单击"编辑交互"按钮，如下左图所示。❹Power BI Desktop会将"筛选器"和"突出显示"图标添加到报表页上的所有其他视觉对象中，❺此处希望不筛选饼图中的数据，因此单击"无"按钮，如下右图所示。

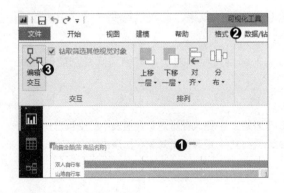

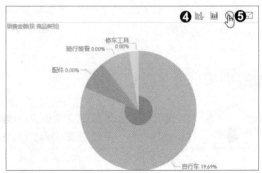

步骤 03　测试设置效果。完成设置后，在条形图中单击某个字段，可发现无论在该视觉对象中单击哪个字段，饼图的展示效果均不受影响，如下图所示。

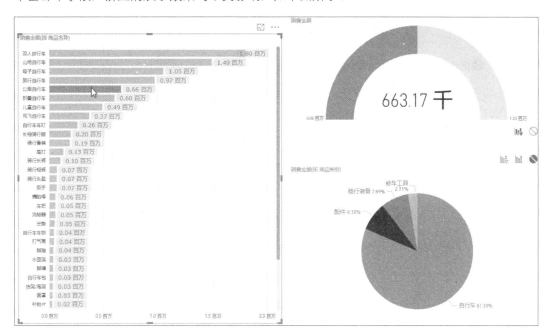

**技巧提示**

　　在启动编辑交互功能后，不同类型的视觉对象上出现的图标也会不同，但各个图标的功能是一致的。其中，图标是"筛选器"按钮，表示筛选视觉对象；图标是"突出显示"按钮，表示突出显示视觉对象；图标是"无"按钮，表示任何操作对该视觉对象都不起作用。

## 8.2.6　深化查看视觉对象

　　当需要在 Power BI Desktop 中查看视觉对象的其他详细信息时，可使用扩展至下一级别功能来深化查看视觉对象。需要注意的是，只有具有层次结构的视觉对象才能进行深化查看。

　　本小节以年度销售利润的簇状柱形图为例，通过"扩展至下一级别"命令查看该年度各月的销售利润对比情况，并通过层次结构的嵌套设置，将各月的数据显示在对应的季度类别组中。

◎ 原始文件: 下载资源\实例文件\第8章\原始文件\深化查看视觉对象.pbix
◎ 最终文件: 下载资源\实例文件\第8章\最终文件\深化查看视觉对象.pbix

步骤01 扩展至下一级别。打开原始文件,在报表画布中可看到2018年的销售利润柱形图视觉对象,❶右击该视觉对象,❷在弹出的快捷菜单中单击"扩展至下一级别"命令,如下图所示。

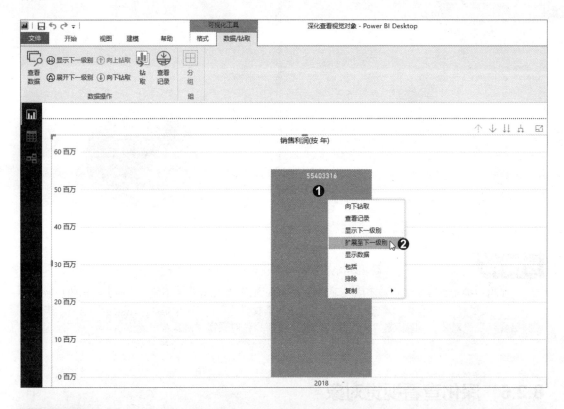

**技巧提示**

除了使用以上方法外,还可以在选中视觉对象后,使用"可视化工具-数据/钻取"选项卡下的功能进行深化查看。此外,还可以将鼠标指针放置在视觉对象上,使用视觉对象右上角出现的控件按钮查看更深层次的内容。

步骤02 继续深化。可看到2018年4个季度的销售利润对比情况，如果要查看各月的销售利润对比情况，❶可继续在视觉对象上右击，❷在弹出的快捷菜单中单击"扩展至下一级别"命令，如下图所示。

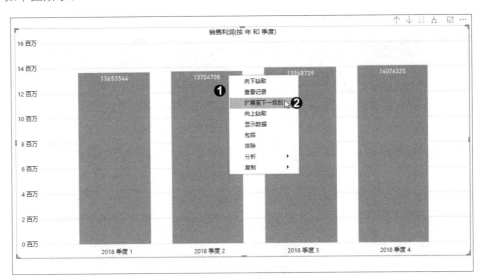

步骤03 查看效果。完成两次深化后，可看到各月的销售利润对比情况，如下图所示。但X轴上的季度和月份标签不分层次，看起来有点杂乱，需要进行嵌套设置。

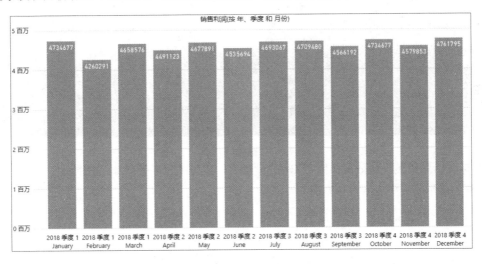

步骤 04 层次结构的嵌套设置。❶切换至"可视化"窗格的"格式"选项卡，❷单击"X轴"左侧的展开按钮，❸在详细界面中单击"连接标签"下的滑块，关闭该选项，如下左图所示。❹继续在该详细界面中单击"网格线"下的滑块，启用该选项，❺设置好网格线的"颜色"和"笔画宽度"，如下右图所示。

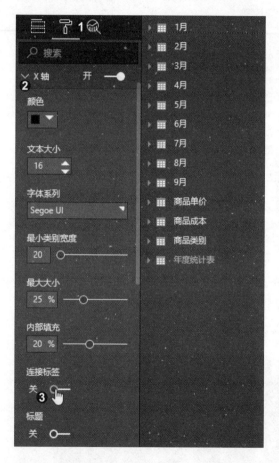
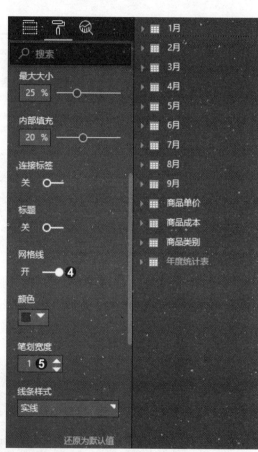

步骤 05 查看最终的深化效果。完成X轴的设置后，最终的报表效果如下图所示。该柱形图视觉对象的展示效果更加清晰和美观。

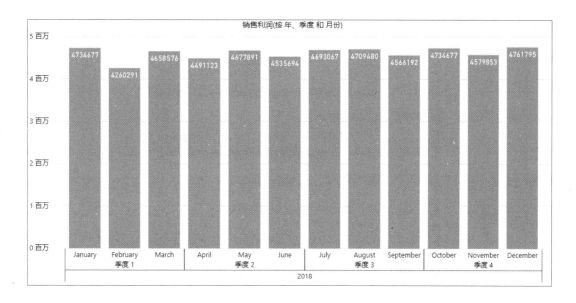

## 8.2.7 导出用于创建视觉对象的数据

如果要查看用于创建视觉对象的数据，可以在 Power BI Desktop 中显示该数据，或者将这些数据以 .csv 文件形式导出。本小节以气泡图为例，讲解如何将用于创建该视觉对象的数据导出为 .csv 文件。

◎ 原始文件：下载资源\实例文件\第8章\原始文件\导出用于创建视觉对象的数据.pbix
◎ 最终文件：下载资源\实例文件\第8章\最终文件\导出数据.csv

**步骤01** 设置导出选项。在导出数据前，最好先通过以下方法确认或更改数据的导出选项。打开原始文件，单击Power BI Desktop窗口左上角的"文件"按钮，在打开的菜单中单击"选项和设置>选项"命令。打开"选项"对话框，❶切换至"报表设置"界面，❷在右侧的"导出数据"下设置导出选项，❸完成后单击"确定"按钮，如下图所示。可看到"导出数据"下有三个选项：第一个选项是新版本报表的默认选项；第二个选项是2018年10月之前版本的默认选项；第三个选项是阻止用户从报表中导出任何数据。

步骤 02 导出数据。将鼠标指针放置在视觉对象上，❶单击出现在右上角的"更多选项"按钮，❷在展开的列表中单击"导出数据"选项，如右图所示。如果只想在报表中显示该视觉对象所包含的数据，可在展开的列表中单击"显示数据"选项。

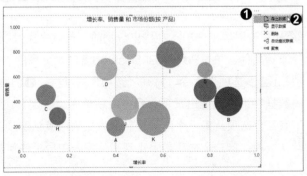

**步骤 03** 保存并查看导出的数据。弹出"另存为"对话框，❶设置好数据的保存位置和文件名，❷单击"保存"按钮，如下左图所示。完成保存后，在保存的位置双击该文件，可在Excel中看到文件的内容，如下右图所示。

| | A | B | C | D | E |
|---|---|---|---|---|---|
| 1 | 产品 | 销售量 | 增长率 | 市场份额 | |
| 2 | A | 200 | 0.4 | 0.12 | |
| 3 | B | 400 | 0.88 | 0.33 | |
| 4 | C | 456 | 0.1 | 0.15 | |
| 5 | D | 660 | 0.36 | 0.18 | |
| 6 | E | 490 | 0.78 | 0.2 | |
| 7 | F | 800 | 0.46 | 0.06 | |
| 8 | G | 654 | 0.78 | 0.07 | |
| 9 | H | 285 | 0.15 | 0.1 | |
| 10 | I | 780 | 0.63 | 0.28 | |
| 11 | J | 364 | 0.44 | 0.3 | |
| 12 | K | 263 | 0.56 | 0.45 | |

---

**技巧提示**

导出视觉对象数据的限制和注意事项：

• 从Power BI Desktop和Power BI服务导出到.csv文件的数据最多为30000行，导出到.xlsx文件的数据最多为150000行。

• 如果视觉对象使用的数据来自多个表，并且这些表在数据模型中不存在任何关系，则只导出第一个表中的数据。

---

# 8.3　美化Power BI报表

完成报表的内容制作后，有必要对报表的外观进行一定程度的美化。如果一份报表看起来杂乱无章，重点也不突出，它的信息传达效果就会大打折扣。

本节要介绍在 Power BI Desktop 中美化报表的操作，包括设置页面大小和页面背景，设置视觉对象的标题、背景、边框、数据标签等。

## 8.3.1 更改报表画布的页面大小

为了让报表的整体版面看起来更加舒适，且让画布匹配视觉对象的大小，可对报表的页面大小进行设置。

◎ 原始文件：下载资源\实例文件\第8章\原始文件\更改报表画布的页面大小.pbix
◎ 最终文件：下载资源\实例文件\第8章\最终文件\更改报表画布的页面大小.pbix

步骤01 查看原始的报表效果。打开原始文件，可发现该页画布的留白较多，版面效果不太美观，如下图所示。

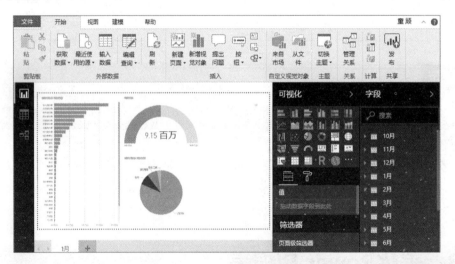

步骤02 设置页面大小。当报表中未选择任何视觉对象时，❶切换至"可视化"窗格的"格式"选项卡，❷单击"页面大小"左侧的展开按钮，❸在详细界面中单击"类型"下拉列表框，❹在展开的列表中单击"4：03"选项，如右图所示。此外，在"格式"选项卡下的"页面信息"中，可对报表页进行重命名。

**步骤 03** 查看设置效果。可看到画布的宽高比变为所选的选项，报表的版面变得更加充实、丰满，如右图所示。

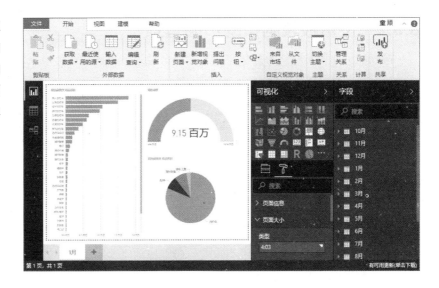

**步骤 04** 自定义页面大小。如果对预设的页面大小选项都不满意，可自行设置大小。❶在"格式"选项卡下的"页面大小"详细界面中单击"类型"下拉列表框，❷在展开的列表中单击"自定义"选项，如下左图所示。❸单击"宽度"和"高度"右侧的数值调节按钮，或者直接在文本框中输入宽度值和高度值，如下右图所示，即可完成自定义页面大小的操作。

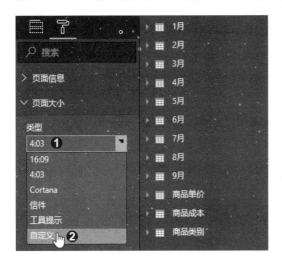

## 8.3.2 设置报表画布的页面背景

报表的页面背景默认为白色，如果觉得白色过于单调，可为报表画布设置背景。背景既可以是颜色，也可以是图像。

◎ 原始文件：下载资源\实例文件\第8章\原始文件\设置报表画布的页面背景.pbix、背景.jpg
◎ 最终文件：下载资源\实例文件\第8章\最终文件\设置报表画布的页面背景.pbix

步骤01 设置页面背景颜色。打开原始文件，当报表中未选择任何视觉对象时，❶切换至"可视化"窗格的"格式"选项卡，❷单击"页面背景"左侧的展开按钮，❸在详细界面中单击"颜色"下拉列表框，❹在展开的列表中选择要应用的背景颜色，如下左图所示。完成颜色的设置后，如果发现页面背景没有变化，❺则拖动"透明度"下的滑块，或者直接在文本框中输入透明度值，如下右图所示。完成后，可看到画布应用了设置的背景颜色。

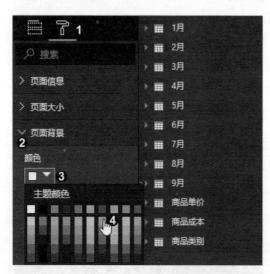

步骤02 添加图像。如果对背景颜色仍不满意，可尝试为页面背景添加图像。❶在"页面背景"下单击"添加图像"按钮，如下左图所示。打开"打开文件"对话框，❷找到图像的保存位置，❸选中要添加的图像，❹单击"打开"按钮，如下右图所示。

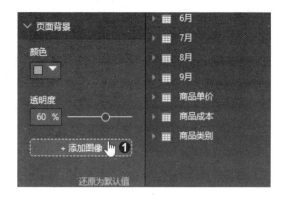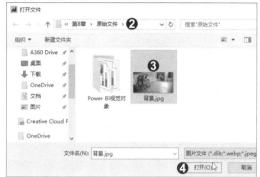

步骤 03 设置图像匹配度和透明度。如果图像尺寸与页面大小不匹配，❶可单击"图像匹配度"下拉列表框，❷在展开的列表中单击"匹配度"选项，如下左图所示。如果觉得图像太暗或太亮，❸还可以拖动"透明度"下的滑块，调整图像的透明度，如下右图所示。

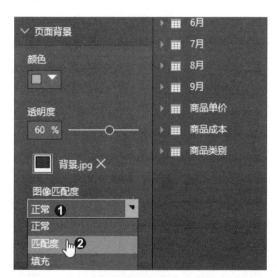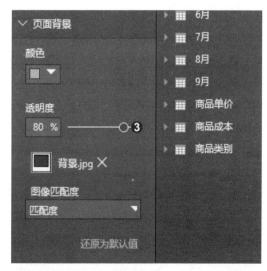

步骤 04 完成背景设置。完成设置后，可看到画布中的页面背景效果，如下图所示。如果要删除添加的图像，可在"页面背景"下单击图像名称后代表删除功能的按钮。如果要恢复默认的报表页面背景，则单击"还原为默认值"按钮。

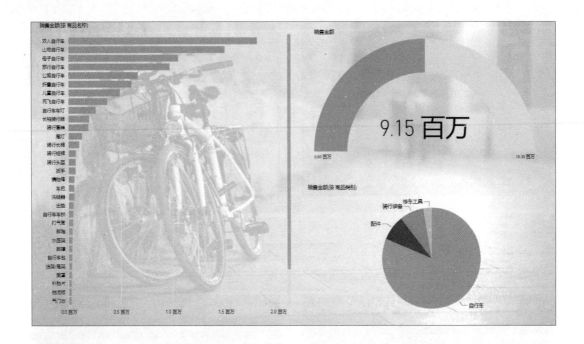

技巧提示

需要注意的是，无论是更改页面大小还是设置页面背景，都只对当前页起作用。如果要对同一报表的其他页也进行页面设置，则需要先切换页面，再重新执行相同的设置操作。

## 8.3.3 自定义视觉对象标题

当报表中的视觉对象没有标题，或者默认的标题内容不能准确表达该视觉对象要展示的信息时，可为视觉对象添加或更改标题。

◎ 原始文件：下载资源\实例文件\第8章\原始文件\自定义视觉对象标题.pbix
◎ 最终文件：下载资源\实例文件\第8章\最终文件\自定义视觉对象标题.pbix

步骤01 查看视觉对象。打开原始文件，在画布中可看到12个视觉对象，如下图所示，其展示的是12个月的销售利润，但由于无标题，因而无法区分各视觉对象所代表的月份。

| 4.73 百万 | 4.26 百万 | 4.66 百万 | 4.49 百万 |
|---|---|---|---|
| 销售利润 | 销售利润 | 销售利润 | 销售利润 |
| 4.68 百万 | 4.54 百万 | 4.69 百万 | 4.71 百万 |
| 销售利润 | 销售利润 | 销售利润 | 销售利润 |
| 4.57 百万 | 4.73 百万 | 4.58 百万 | 4.76 百万 |
| 销售利润 | 销售利润 | 销售利润 | 销售利润 |

**步骤02** 设置标题文本和颜色。在画布中选中要设置的视觉对象，❶切换至"可视化"窗格的"格式"选项卡，此时标题呈关闭状态，❷单击"标题"右侧的滑块，启用该选项，如下左图所示。❸单击"标题"左侧的展开按钮，❹在详细界面的"标题文本"文本框中输入"1月"，❺单击"字体颜色"下拉列表框，❻在展开的列表中选择字体颜色，如下右图所示。

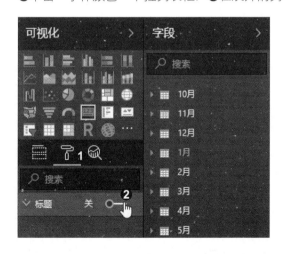 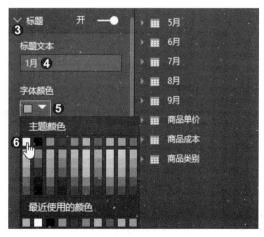

**步骤03** 设置对齐方式和文本大小。❶继续在"标题"下的详细界面中设置"背景色"，❷在"对齐方式"下单击"居中"按钮，如下左图所示。❸设置"文本大小"为"20"磅，如下

右图所示。如果对标题文本的字体不满意，还可以在"字体系列"下拉列表框中设置字体，此处保持默认的字体不变。如果对以上设置不满意，想要返回设置前的效果，可单击"还原为默认值"按钮。

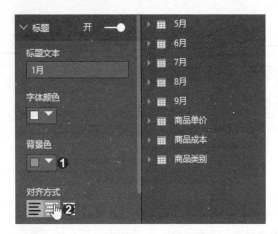
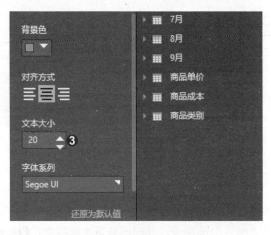

步骤04 查看设置效果。应用相同方法为其他视觉对象设置标题，完成设置后，可在画布中方便地查看各月的销售利润，如下图所示。

| 1月 | 2月 | 3月 | 4月 |
|---|---|---|---|
| **4.73** 百万<br>销售利润 | **4.26** 百万<br>销售利润 | **4.66** 百万<br>销售利润 | **4.49** 百万<br>销售利润 |

| 5月 | 6月 | 7月 | 8月 |
|---|---|---|---|
| **4.68** 百万<br>销售利润 | **4.54** 百万<br>销售利润 | **4.69** 百万<br>销售利润 | **4.71** 百万<br>销售利润 |

| 9月 | 10月 | 11月 | 12月 |
|---|---|---|---|
| **4.57** 百万<br>销售利润 | **4.73** 百万<br>销售利润 | **4.58** 百万<br>销售利润 | **4.76** 百万<br>销售利润 |

## 8.3.4　更改视觉对象背景

当报表中显示了多个视觉对象时，如果想要突出显示特定的视觉对象，可对这些视觉对象的背景进行设置。

◎　原始文件：下载资源\实例文件\第8章\原始文件\更改视觉对象背景.pbix
◎　最终文件：下载资源\实例文件\第8章\最终文件\更改视觉对象背景.pbix

步骤01 设置背景。打开原始文件，选中画布中要设置的视觉对象，❶切换至"可视化"窗格的"格式"选项卡，此时背景呈关闭状态，❷单击"背景"右侧的滑块，启用该选项，如下左图所示。❸单击"背景"左侧的展开按钮，❹在详细界面中单击"颜色"下拉列表框，❺在展开的列表中选择背景颜色，如下右图所示。

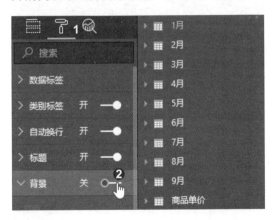
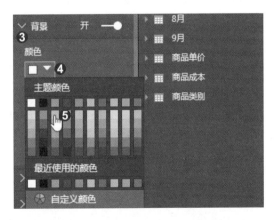

步骤02 查看设置效果。对其他需要设置背景的视觉对象进行相同的操作，完成设置后，可在画布中看到这些视觉对象变得更加突出，如右图所示。

| 1月 | 2月 | 3月 | 4月 |
|---|---|---|---|
| 4.73 百万 | 4.26 百万 | 4.66 百万 | 4.49 百万 |
| 销售利润 | 销售利润 | 销售利润 | 销售利润 |
| 5月 | 6月 | 7月 | 8月 |
| 4.68 百万 | 4.54 百万 | 4.69 百万 | 4.71 百万 |
| 销售利润 | 销售利润 | 销售利润 | 销售利润 |
| 9月 | 10月 | 11月 | 12月 |
| 4.57 百万 | 4.73 百万 | 4.58 百万 | 4.76 百万 |
| 销售利润 | 销售利润 | 销售利润 | 销售利润 |

## 8.3.5 为视觉对象添加边框

为了让报表中的视觉对象更加立体和突出，视觉对象中的内容更加鲜明，可以为视觉对象添加边框。

步骤01 设置边框。打开原始文件，选中画布中要设置的视觉对象，切换至"可视化"窗格的"格式"选项卡，❶单击"边框"右侧的滑块，启用该选项，❷单击"边框"左侧的展开按钮，❸在详细界面中单击"颜色"下拉列表框，❹在展开的列表中选择边框颜色，如右图所示。

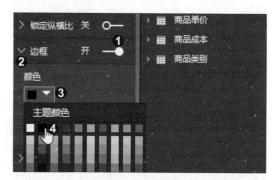

步骤02 查看设置效果。对其他需要设置边框的视觉对象进行相同的操作，完成设置后，可在画布中更加清晰地查看各月销售利润的视觉对象，如右图所示。

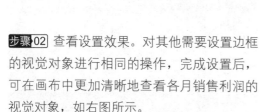

## 8.3.6 设置视觉对象数据标签

为了在视觉对象中显示数据的实际值，可以为视觉对象添加数据标签，并对数据标签的样式，如颜色、显示单位、位置等进行设置。

**步骤01** 设置数据标签的颜色和显示单位。打开原始文件，选中要添加数据标签的视觉对象，如"簇状条形图"，切换至"可视化"窗格的"格式"选项卡，❶单击"数据标签"右侧的滑块，启用该选项，❷单击"数据标签"左侧的展开按钮，❸在详细界面中单击"颜色"下拉列表框，❹在展开的列表中选择数据标签字体颜色，如下左图所示。❺单击"显示单位"下拉列表框，❻在展开的列表中选择"百万"选项，如下右图所示。

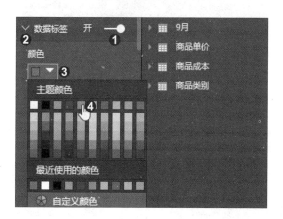 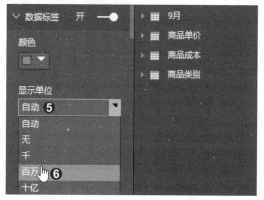

**步骤02** 设置数据标签的小数位数和位置。❶在"值的小数位"文本框中输入数据标签中数值的小数位数，或者直接单击数值调节按钮调整小数位数，如下左图所示。❷单击"位置"下拉列表框，❸在展开的列表中单击"数据标签外"选项，如下右图所示。

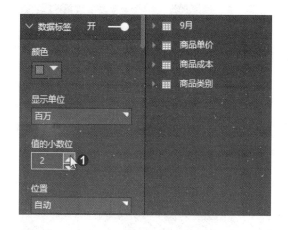 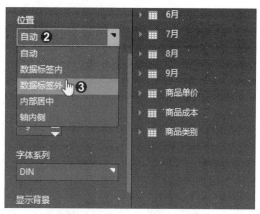

步骤 03 继续设置数据标签。❶设置"文本大小"为"10"磅，并设置好"字体系列"，如下左图所示。❷单击"显示背景"下的滑块，打开显示背景，❸设置好"背景色"，❹拖动"透明度"右侧的滑块，调整背景色的透明度，如下右图所示。

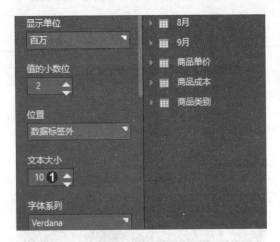 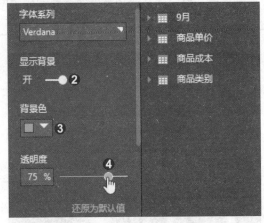

步骤 04 设置其他视觉对象的数据标签。选中另一个视觉对象，如"饼图"，❶单击"详细信息标签"左侧的展开按钮，❷在详细界面中单击"标签样式"下拉列表框，❸在展开的列表中单击"类别，总百分比"选项，如下左图所示。❹设置好标签的"颜色""百分比的小数位""文本大小"，如下右图所示。此外，还可对数据标签的字体、位置进行设置。

 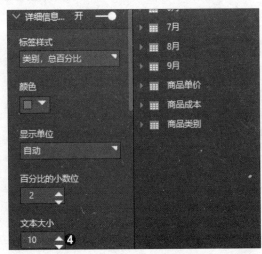

步骤 05 查看设置效果。完成报表中视觉对象的数据标签设置后，可看到最终的效果，如下图所示。

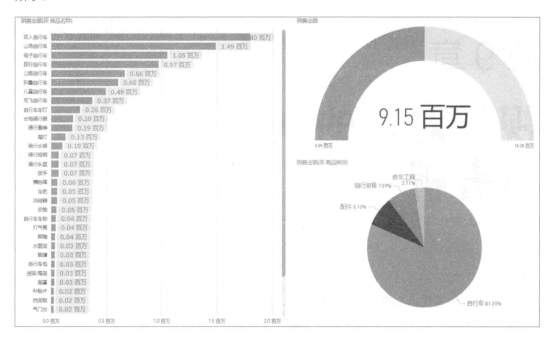

技巧提示

除了美化视觉对象的标题、背景，还可以美化视觉对象的图例、数据颜色、绘图区等元素。但需要注意的是，不同的视觉对象可美化的元素不同，而且有可能具有相同功能的元素在不同的视觉对象中会拥有不同的名称。

# 第 9 章

# 视觉对象的制作与分析

要在报表中实现理想的数据可视化效果，不仅要掌握视觉对象的制作方法，而且要了解各个视觉对象的适用范围，才能选用最合适的视觉对象精准地呈现数据。

本章将详细介绍 Power BI Desktop 中多种预置视觉对象的制作及格式设置操作，并讲解组功能、预测功能、工具提示分析工具在报表中的应用。

# 9.1 常用视觉对象的制作

Power BI Desktop 中预置了种类丰富的视觉对象，从简单的柱形图、折线图、饼图，再到气泡图、瀑布图、树状图，甚至仪表、KPI、切片器等更复杂的视觉对象。不同的视觉对象可以从不同的角度来展现数据，换个角度可能就会有不同的效果，但对于特定的数据或场景，并不是什么视觉对象都适合。面对花样繁多的视觉对象，初学者可能会感到无所适从，不知道在制作报表时该用哪种视觉对象才好。

本节将对 Power BI Desktop 中常用的视觉对象进行详细介绍，并对这些视觉对象进行格式设置，让报表变得更加生动、灵活。

## 9.1.1 柱形图和条形图

柱形图和条形图是分别利用垂直和水平的柱子表示数据大小的视觉对象，它们常用于快速比较多个类别数据的大小。虽然柱形图和条形图很常用，制作方法也很简单，但是一半以上的数据可视化任务用这两种视觉对象就能完成，并且通过适当的设置，柱形图和条形图也可以有高"颜值"。

Power BI Desktop 中的柱形图和条形图又细分为多种类型。其中，柱形图分为簇状柱形图、堆积柱形图、百分比堆积柱形图，条形图分为簇状条形图、堆积条形图、百分比堆积条形图。

已知 1 月、2 月、3 月及第 1 季度的员工销售业绩数据，现要在报表中直观展示员工的销售业绩对比情况、各月销售业绩超过平均值的销售员、第 1 季度销售业绩超过 1400000 元的销售员。

◎ 原始文件：下载资源\实例文件\第9章\原始文件\柱形图和条形图.pbix
◎ 最终文件：下载资源\实例文件\第9章\最终文件\柱形图和条形图.pbix

步骤01 插入柱形图并设置格式。打开原始文件，❶在"可视化"窗格下单击"簇状柱形图"，❷在"字段"窗格中勾选"1月"表中的字段复选框，❸在"可视化"窗格的"字段"选项卡下可看到各个字段在视觉对象中的位置，如"销售员"位于"轴"位置，"销售业

绩"位于"值"位置，如下左图所示。完成视觉对象的创建后，❹切换至"可视化"窗格的
"格式"选项卡，❺在该选项卡下可对视觉对象的"X轴""Y轴""标题""边框"等进行
设置，如下右图所示。应用相同的方法创建"2月"表和"3月"表的销售业绩柱形图，并对
视觉对象的格式进行相同的设置。

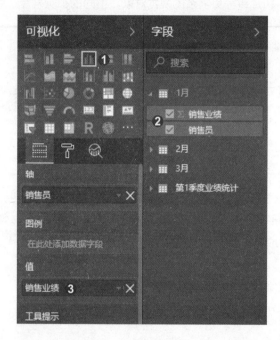

步骤02 创建条形图。❶在"可视化"窗格下
单击"簇状条形图"，❷在"字段"窗格中
勾选"第1季度业绩统计"表中的字段复选
框，如右图所示。接着设置条形图的格式。

步骤 03　查看报表效果。完成视觉对象的创建和格式设置后，根据画布的空间大小和视觉对象的排列美感，调整视觉对象的大小和位置，最终得到如右图所示的报表效果。

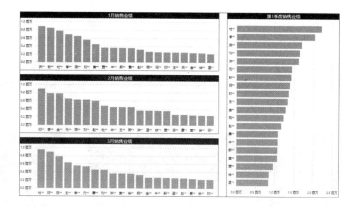

步骤 04　添加平均线。如果想要通过柱形图和条形图展示更多的数据信息，可为制作好的视觉对象添加参考线，如平均线、恒线等。选中任意一个柱形图，❶切换至"可视化"窗格的"分析"选项卡，❷在"平均线"下单击"添加"按钮，❸在添加的平均线文本框中输入平均线的名称"销售业绩平均值"，❹设置平均线的"颜色""透明度""线条样式""位置"，如下左图所示。❺单击"数据标签"下的滑块，启用该选项，❻设置数据标签的"颜色""文本""水平位置""垂直位置"，如下右图所示。应用相同的方法为其他柱形图添加平均线并设置好格式。

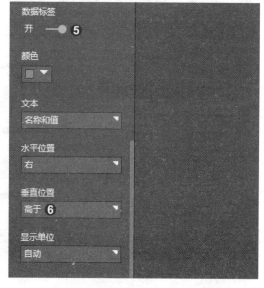

步骤 05 添加恒线。选中报表中的条形图，❶切换至"可视化"窗格的"分析"选项卡，❷在"恒线"下单击"添加"按钮，❸在添加的恒线文本框中输入"销售业绩高于"，❹在"值"下的文本框中输入销售业绩要高于的值，❺设置恒线的"颜色""透明度""线条样式""位置"，如下左图所示。❻单击"数据标签"下的滑块，启用该选项，❼设置数据标签的"颜色""文本""水平位置""垂直位置""显示单位"，如下右图所示。

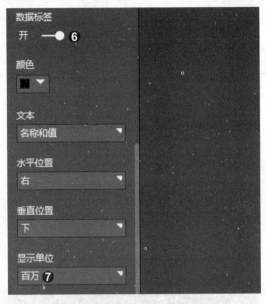

步骤 06 查看效果。完成后，可在报表中看到添加了平均线和恒线的视觉对象，如右图所示。通过报表中的视觉对象，可直观查看1月、2月、3月及第1季度的销售业绩对比情况，以及各月销售业绩超过平均值的销售员、第1季度销售业绩超过1400000元的销售员。

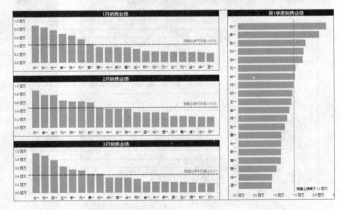

## 9.1.2 折线图和分区图

折线图常用于连接各个单独的数据点，它能够简洁、清晰地展现一段时间内的数据变化趋势，如近一年股价的变化、用户数量的增长趋势等。分区图除了可以像折线图一样表达变化趋势，还可以通过没有重叠的阴影面积反映差距变化的部分。Power BI Desktop 中预置了两种分区图——分区图和堆积面积图。

已知整年的商品销售数据，现要在报表中展示一年中各商品类别的月度销售金额变化趋势及所有商品的月度销售利润变化趋势。

◎ 原始文件：下载资源\实例文件\第9章\原始文件\折线图和分区图.pbix
◎ 最终文件：下载资源\实例文件\第9章\最终文件\折线图和分区图.pbix

**步骤01** 创建折线图。打开原始文件，❶在"可视化"窗格中单击"折线图"，❷在"字段"窗格的"总表"下勾选字段，❸在"可视化"窗格的"字段"选项卡下设置"轴""图例""值"中的字段，❹在"轴"组中单击字段右侧代表删除功能的按钮，删除不需要的日期层次，如删除"年""季度""日"，保留"月份"，如下左图所示。继续在"可视化"窗格的"字段"选项卡下操作，❺在"筛选器"中单击"商品类别"右侧的"扩展"按钮，❻在展开的界面中勾选要查看的值的复选框，如"配件"，如下右图所示。

步骤 02 设置格式。❶切换至"可视化"窗格的"格式"选项卡，❷在"形状"组中单击"显示标记"下的滑块，启用该选项，如下左图所示。❸设置"标记形状""标记大小""标记颜色"，如下右图所示。并在该选项卡下对视觉对象的其他元素进行格式设置。完成后，在该报表页中继续插入折线图，在"筛选器"中筛选"商品类别"字段的其他值，并设置折线图的格式。

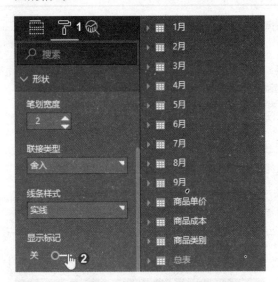
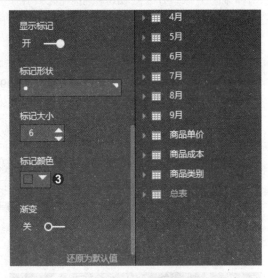

步骤 03 查看折线图。完成后，调整折线图的大小和位置，得到如右图所示的效果。通过该报表页中的4个折线图，可直观查看各商品类别的月度销售金额变化趋势，可明显看出4个商品类别在2月份销售金额都突然降低。

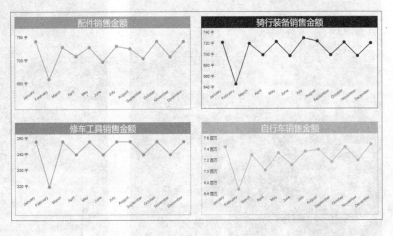

步骤04　创建分区图。在Power BI Desktop中新建页，将折线图所在的报表页重命名为"折线图"，将新建页重命名为"分区图"。切换到"分区图"页，❶在"可视化"窗格中单击"分区图"，❷在"字段"窗格的"总表"下勾选字段，❸在"可视化"窗格的"字段"选项卡下设置好字段的位置，在"轴"组中单击字段右侧代表删除功能的按钮，删除"销售日期"字段中不需要的日期层次，如下左图所示。继续在"可视化"窗格的"字段"选项卡下操作，❹在"筛选器"中单击"商品名称"右侧的"扩展"按钮，❺在展开的界面中勾选要查看的值的复选框，如"车把"，如下右图所示。

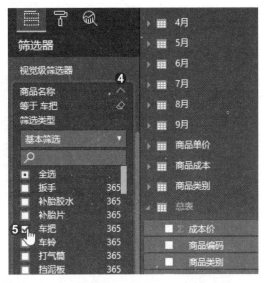

步骤05　查看分区图。在"可视化"窗格的"格式"选项卡下设置好分区图的格式，并调整分区图的位置和大小，得到如右图所示的效果。通过该视觉对象，可直观查看"车把"的月度销售利润变化趋势。

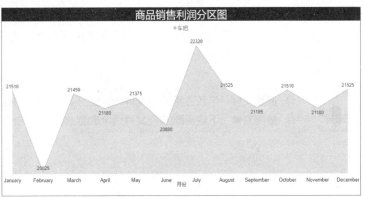

步骤 06 查看其他值的可视化效果。在"可视化"窗格的"筛选器"中勾选其他值的复选框，如同时勾选"补胎片"和"挡泥板"，得到如下图所示的可视化效果。通过图中阴影面积的重叠情况，可发现"补胎片"的各月销售利润都明显低于"挡泥板"的各月销售利润。

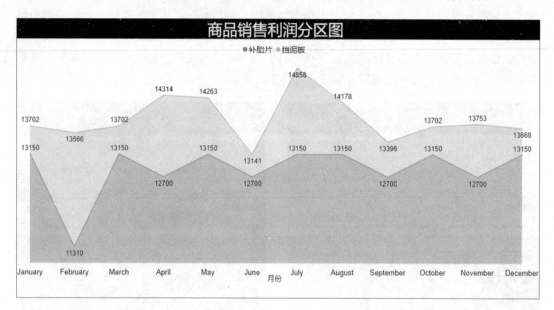

### 9.1.3 瀑布图

瀑布图因自上而下形似瀑布而得名，它不仅能直观反映各项数据的大小，还能反映各项数据的增减变化。在经营数据和财务数据的分析工作中，该视觉对象尤其有实用价值。

已知某公司各收支项目的金额数据，现要在报表中比较各收支项目的金额大小及对公司利润的影响程度，并判断公司最终是否盈利。

◎ 原始文件：下载资源\实例文件\第9章\原始文件\瀑布图.pbix
◎ 最终文件：下载资源\实例文件\第9章\最终文件\瀑布图.pbix

步骤01 创建瀑布图。打开原始文件，❶在"可视化"窗格中单击"瀑布图"，❷在"字段"窗格中勾选字段，如下左图所示。默认情况下，创建的瀑布图中增加的项目会显示为绿色，减少的项目会显示为红色，计算出的总计显示为蓝色，如果要调整代表各项目的颜色，❸切换至"格式"选项卡，❹在"情绪颜色"组中设置即可，如下右图所示。

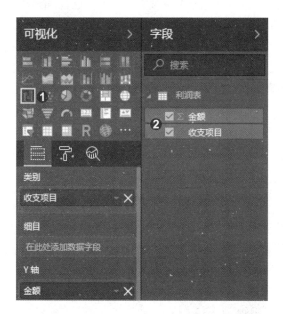 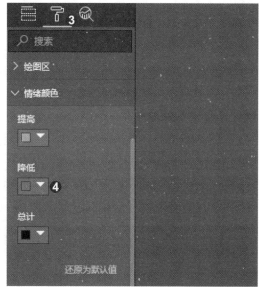

步骤02 查看瀑布图。完成后，调整视觉对象的大小和位置，并设置视觉对象的其他格式，得到如右图所示的效果。通过瀑布图中的"总计"，可以看出该公司是盈利的，主要的收入项目是"营业收入"，主要的支出项目是"营业成本"。

205

## 9.1.4 散点图和气泡图

要想从大量散乱的数据中发现规律，并从中找出一些表面上看不到的关系，可使用 Power BI Desktop 中的散点图。而需要对某对象的双项指标进行衡量时，可使用气泡图。

已知某公司开发的多款 App 的会员数量及会员新增率和流失率数据，现要从这些 App 中找出最受欢迎的 App 及 App 中存在的会员问题，从而制定出合理的解决方案。

◎ 原始文件：下载资源\实例文件\第9章\原始文件\散点图和气泡图.pbix
◎ 最终文件：下载资源\实例文件\第9章\最终文件\散点图和气泡图.pbix

步骤01 创建散点图。打开原始文件，❶在"可视化"窗格中单击"散点图"，❷在"字段"窗格的"会员新增和流失情况"表中勾选字段，❸在"可视化"窗格的"字段"选项卡下调整好字段的位置，如下左图所示。在"可视化"窗格的"格式"选项卡下设置视觉对象的格式，如"X轴""Y轴""标题"等，如果要改变散点图的数据系列形状，❹在"形状"组中单击"标记形状"下拉列表框，❺在展开的列表中选择其他标记形状，如下右图所示。

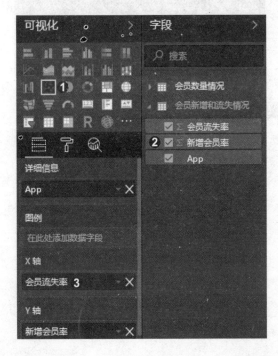

步骤 02 添加平均线。❶切换至"可视化"窗格的"分析"选项卡，❷在"平均线"组中添加两条平均线，选中一条平均线，设置其名称、度量值、颜色，如下左图所示。❸在该组中单击"数据标签"下的滑块，启用该选项，❹设置数据标签的颜色、文本、位置，如下右图所示。应用相同的方法设置另一条平均线的格式。

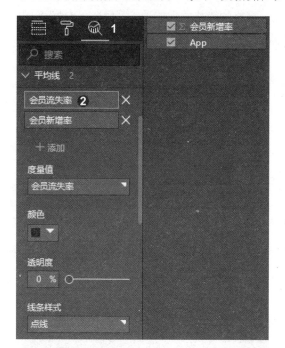

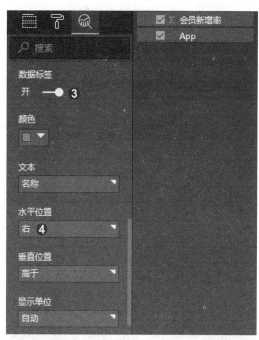

步骤 03 查看散点图效果。在画布中调整视觉对象的大小和位置，并适当设置其他元素的格式，得到如右图所示的效果。

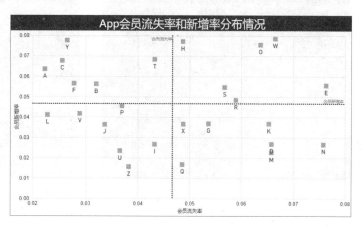

**步骤 04** 创建气泡图。更改散点图所在报表页的名称为"散点图",然后新建页并重命名为"气泡图"。切换至"气泡图"报表页,❶在"可视化"窗格中单击"散点图",❷在"字段"窗格的"会员数量情况"表中勾选字段,❸在"可视化"窗格的"字段"选项卡下调整字段的位置,可发现气泡图和散点图制作的区别就在于"字段"选项卡下的"大小"组中存在一个字段,如下左图所示。❹切换至"可视化"窗格的"格式"选项卡,❺在"X轴"组中设置X轴的开始数据和结束数据,并设置X轴的数据颜色、文本大小等,如下右图所示。应用相同的方法设置其他元素的格式。

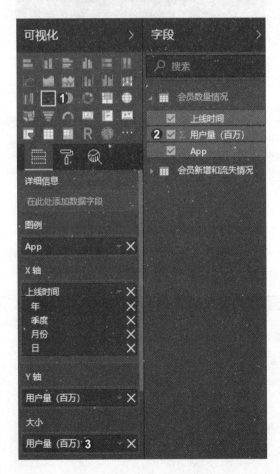

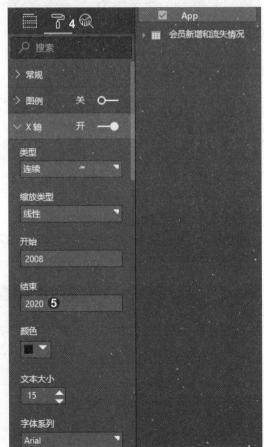

步骤05 查看气泡图效果。在画布中调整气泡图的位置和大小。由于气泡的大小反映了用户量的大小，所以将鼠标指针悬停在最大的气泡上，通过弹出的工具提示，可看到该气泡所代表的App为G款、上线年份为2017年，用户量为880万，如下图所示，可见G款App是该公司研发的所有App中最受欢迎的。结合步骤03中制作的散点图，可发现G款App的会员新增率较低且会员流失率较高，说明这款App虽然用户量最大，但已经开始走下坡路，公司需要引起警觉并采取相应的对策。

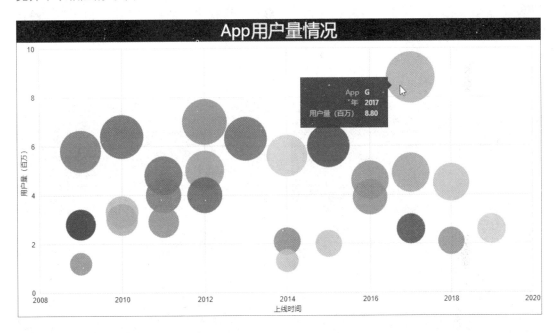

## 9.1.5　饼图和环形图

在 Power BI Desktop 中，饼图是最受欢迎和最易于理解的图表之一。该图表通过扇面的角度来展示比例大小，常用于展现部分占总体的比例。各个部分之间的比例差别越大，越适合使用饼图来展现。此外，在预置的视觉对象中，还有一个与饼图相似的视觉对象——环形图。环形图就是中间挖空的饼图，它在表示比例的大小时，不是依靠扇形的角度，而是依靠环形的长度。

已知整年的商品销售数据，现要在报表中展示各商品类别的销售成本比例和销售利润比例，从中挑选出值得加大销售力度的商品类别。

◎ 原始文件：下载资源\实例文件\第9章\原始文件\饼图和环形图.pbix
◎ 最终文件：下载资源\实例文件\第9章\最终文件\饼图和环形图.pbix

**步骤01** 创建饼图和环形图。打开原始文件，❶在"可视化"窗格中单击"饼图"，❷在"字段"窗格中勾选"总表"中的字段，如下左图所示。单击报表画布中的空白区域，❸在"可视化"窗格中单击"环形图"，❹在"字段"窗格中勾选"总表"中的字段，如下右图所示。

**步骤02** 设置格式。选中饼图，❶切换至"可视化"窗格的"格式"选项卡，❷在"详细信息"组中单击"标签样式"下拉列表框，❸在展开的列表中单击"类别，总百分比"选项，如下左图所示。选中环形图，❹在"格式"选项卡下的"形状"组中拖动"内半径"右侧的滑块，即可调整环形图的内径大小，如下右图所示。

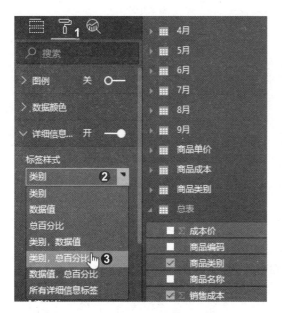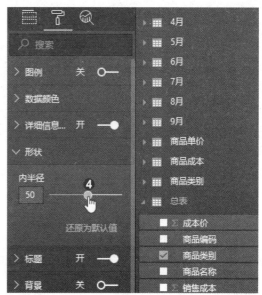

**步骤 03** 查看报表效果。继续设置视觉对象的数据标签、标题等元素的格式，调整视觉对象的位置和大小，得到如下图所示的饼图和环形图效果。通过该报表可直观查看各个商品类别的销售成本比例和销售利润比例。由图可见，无论是销售成本还是销售利润，"自行车"都占据了80%以上，说明该商品是公司的主力销售商品，需要重点对待。此外，"骑行装备"的销售利润占比比"配件"的销售利润占比高，但是销售成本占比却要低一些，所以，可重点关注"骑行装备"类商品的销售情况，以从该类商品的销售中获取更高的利润。

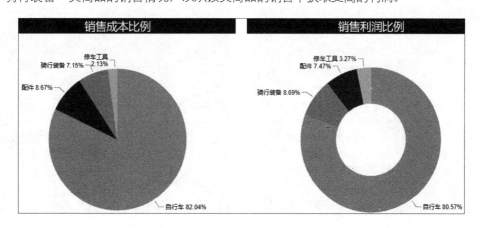

## 9.1.6　树状图

在 Power BI Desktop 中，树状图是空间利用率最高的视觉对象。在使用其他视觉对象，如柱形图、折线图等时，可发现视觉对象的绘图区总有未被利用的空白区域，而在树状图中，每一处区域都用在了呈现数据上，没有任何空白；而且无论如何调整树状图的高度和宽度，树状图始终在整体上保持一个矩形的形状。通过树状图中每个矩形的大小、位置和颜色，可以显示大量的分层数据，并表达多个类别的每个部分占整体的比例。若数据还存在层级关系，使用树状图来表达会更加方便和灵活。

已知整年的商品销售数据，现要在报表中既展示各个商品的销售数量比例，又展示各商品类别的销售数量比例。

◎　原始文件：下载资源\实例文件\第9章\原始文件\树状图.pbix
◎　最终文件：下载资源\实例文件\第9章\最终文件\树状图.pbix

**步骤01** 创建树状图。打开原始文件，❶在"可视化"窗格中单击"树状图"，❷将"字段"窗格中"总表"下的"商品名称"字段添加到"可视化"窗格中"字段"选项卡下的"详细信息"组中，❸将"销售数量"字段添加到"值"组中，如下左图所示。❹切换至"格式"选项卡，❺启用"数据标签"选项，并设置数据标签、类别标签、标题的格式，如下右图所示。

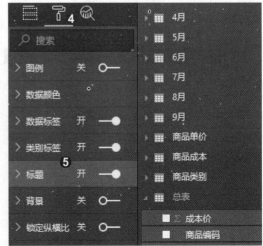

**步骤 02** 查看树状图效果。调整树状图的大小和位置，得到如下图所示的效果。在该树状图中，不同颜色的矩形代表了不同的商品，矩形的大小代表了商品的销售数量，所以，通过该视觉对象，可看到不同商品的销售数量及占总体的比例情况。

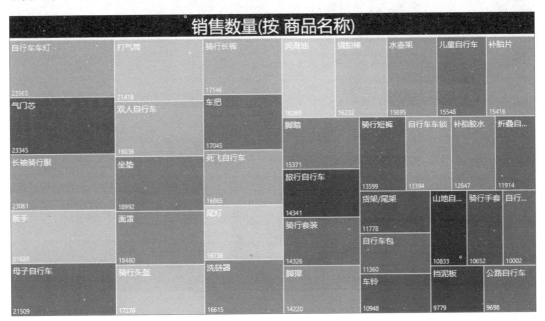

**步骤 03** 创建双层树状图。Power BI Desktop 中的树状图不仅可以用来展现单层的数据结构关系，还可以用来展现双层的数据结构关系。将"字段"窗格中"总表"下的"商品类别"字段添加到"可视化"窗格中"字段"选项卡下的"组"中，如右图所示。随后适当设置视觉对象的格式。

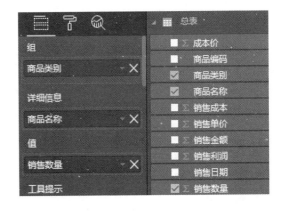

**步骤 04** 查看双层结构树状图的效果。完成双层结构树状图的设置后，更改树状图的标题，得到如下图所示的效果。在该树状图中，每一种颜色的矩形代表一个商品类别，从不同颜色矩

形的大小可以比较各个商品类别的整体销售数量；而在各个商品类别矩形的内部，又可以根据一系列小矩形的大小比较该商品类别下各商品的销售数量。

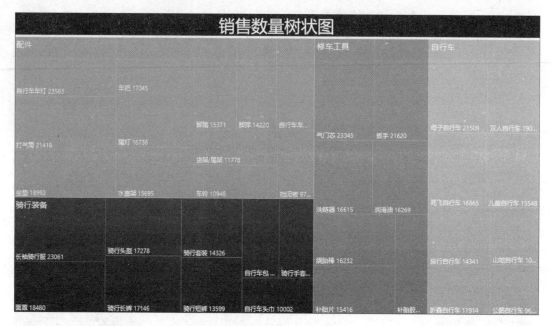

## 9.1.7　漏斗图

漏斗图适合用于有顺序、多阶段的流程分析，通过各流程的数据变化及初始阶段和最终目标的两端漏斗差距，可快速发现问题所在。

已知某网店客户从浏览商品到完成交易的各个阶段的人数数据，现要在报表中展示从浏览商品到完成交易的业务流程情况，并从中找出需要优化的环节。

◎　原始文件：下载资源\实例文件\第9章\原始文件\漏斗图.pbix
◎　最终文件：下载资源\实例文件\第9章\最终文件\漏斗图.pbix

步骤01 创建漏斗图。打开原始文件，❶在"可视化"窗格中单击"漏斗图"，❷在"字段"窗格中勾选字段，如下左图所示。如果对视觉对象默认的"数据颜色"不满意，❸可切换至

"可视化"窗格的"格式"选项卡，❹在"数据颜色"组下单击"高级控件"按钮，如下右图所示。

**步骤02** 设置数据颜色。打开"默认颜色-数据颜色"对话框，❶在该对话框中设置"依据为字段""摘要"，以及"最小值"颜色和"最大值"颜色，❷完成后单击"确定"按钮，如下图所示。

| 默认颜色 - *数据颜色* | | |
| --- | --- | --- |
| 格式模式 色阶 ▾　了解详细信息 | | |
| 依据为字段 | 摘要 | 默认格式 ⓘ |
| 人数 的总和　　　　▾ | 求和　　　　　▾ | 为 0　　　　　▾ |
| 最小值 | | 最大值 |
| 最低值　　　　▾　■ ▾ | | 最高值 ❶　　　▾　■ ▾ |
| (最低值) | | (最高值) |
| ☐ 散射 | | |

❷ 确定　取消

步骤03 查看"放入购物车"阶段的数据。在"可视化"窗格的"格式"选项卡下设置视觉对象的类别标签、数据标签、转换率标签、标题等元素的格式，在画布中调整视觉对象的大小和位置。随后将鼠标指针放在视觉对象的"放入购物车"阶段上，此时可在浮动的工具提示中看到此阶段的人数、第一个的百分比和上一个的百分比，如下图所示。从工具提示中

的信息可明显发现，从"浏览商品"阶段到"放入购物车"阶段，人数减少了一大半，流失率很高。此时可考虑优化商品详情页，增强客户将商品放入购物车的欲望，从而提高这一步的转化率。

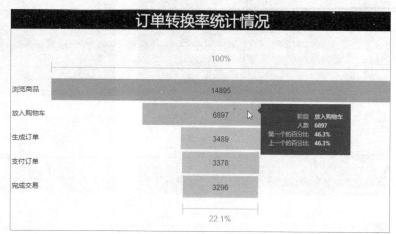

步骤04 查看"生成订单"阶段的数据。将鼠标指针放在视觉对象的"生成订单"阶段上，可在浮动的工具提示中看到此阶段的人数、第一个的百分比和上一个的百分比，如下图所示。

根据上一个的百分比数据，可发现被商品的展示效果打动并将商品放入购物车的客户中，只有一半的客户提交了订单。此时可从商品的评价、物流、价格、存货等方面入手，找出影响客户提交订单的原因。

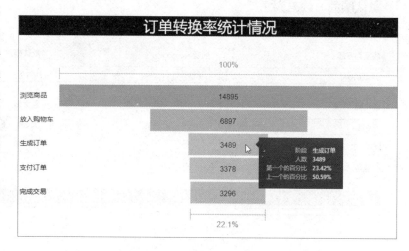

## 9.1.8　仪表

仪表常用于跟踪某个指标的进度或某个目标的完成情况，其广泛应用于经营数据分析、财务指标跟踪、绩效考核等方面。

已知整年的商品销售数据，现要在报表中直观展示商品的实际销售金额是否达到了 1 亿 2000 万元的目标。

◎　原始文件：下载资源\实例文件\第9章\原始文件\仪表.pbix
◎　最终文件：下载资源\实例文件\第9章\最终文件\仪表.pbix

**步骤01** 创建仪表。打开原始文件，❶在"可视化"窗格中单击"仪表"，❷在"字段"窗格的"总表"中勾选字段，如下左图所示。默认情况下，仪表的最小值为0，最大值为跟踪数据的2倍，因此圆弧正好在正中央，将图表分割为两部分，若要调整最大值和展示目标值，还需设置视觉对象的格式。❸切换至"可视化"窗格的"格式"选项卡，❹在"测量轴"组中设置"最小"为0、"最大"为200000000、"目标"为120000000，如下右图所示。

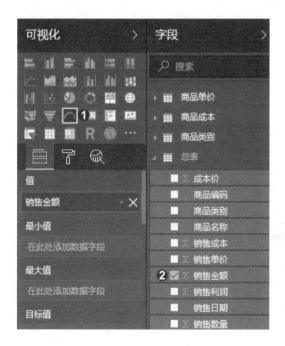

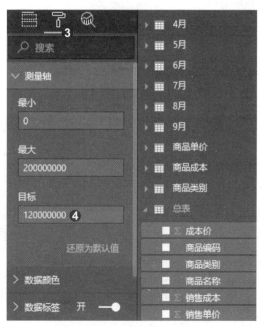

步骤02 查看仪表效果。继续在"格式"选项卡下设置视觉对象的外观，在画布中调整视觉对象的大小和位置，得到如下图所示的效果。通过该视觉对象可看到，公司的实际销售金额为"107百万"（1亿零700万），目标值为"120百万"（1亿2000万），绿色的圆弧离目标

指针还有一定距离，说明没有完成目标。此时，公司需从目标是否过高、销售策略是否合理等方面查找未实现目标的原因，将其作为制定下一年销售目标的参考。

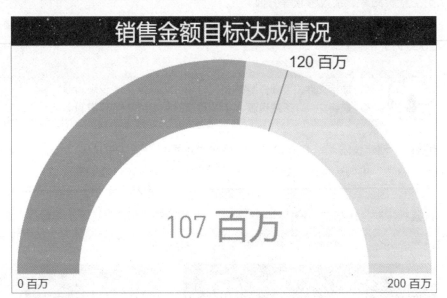

## 9.1.9　卡片图和多行卡

有时在 Power BI Desktop 中想要跟踪和展示的重要信息就是一个数字，如总销售额、同比市场份额、同比增长率等，此时就可以使用硕大醒目的卡片图来展示这种数字。在 Power BI Desktop 的预置视觉对象中，卡片图的旁边还有一个多行卡，使用该视觉对象可同时展示多个指标的数据。

已知整年的商品销售数据，现要在报表中直观展示全部商品整年的销售利润、销售成本、销售金额数据，以及各个商品类别下的商品销售数量数据。

◎　原始文件：下载资源\实例文件\第9章\原始文件\卡片图.pbix
◎　最终文件：下载资源\实例文件\第9章\最终文件\卡片图.pbix

步骤 01　创建卡片图。打开原始文件，❶在"可视化"窗格中单击"卡片图"，❷在"字段"窗格中勾选"销售成本"字段，如右图所示。应用相同的方法创建"销售金额"和"销售利润"的卡片图。在"可视化"窗格的"格式"选项卡下设置卡片图的格式，以突出显示要展示的数据。

步骤 02　创建多行卡。❶在"可视化"窗格中单击"多行卡"，❷在"字段"窗格中勾选字段，❸在"可视化"窗格的"字段"选项卡下按工作需求设置"字段"组中的字段位置，如下左图所示。❹切换至"可视化"窗格的"格式"选项卡，❺在"卡片图"组中设置"边框""轮廓线颜色""数据条颜色"等格式，如下右图所示。在该选项卡下继续设置多行卡的其他元素的格式。

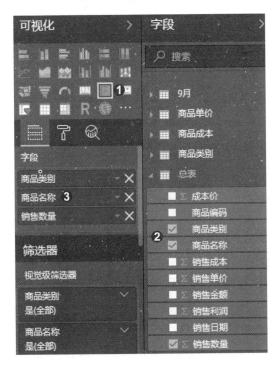

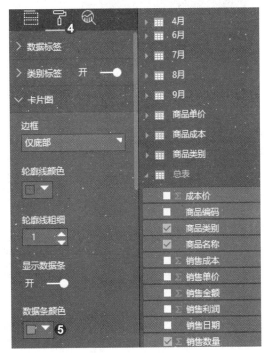

步骤03 查看视觉对象。调整报表中视觉对象的位置和大小，得到如下图所示的效果。通过左侧的三个卡片图，可直接查看商品的销售成本、销售金额、销售利润数据；通过右侧的多行卡，可查看各个商品类别下各商品的销售数量。

| 销售成本 52 百万 | 配件 商品类别 | 车把 商品名称 | 17045 销售数量 |
| --- | --- | --- | --- |
| | 配件 商品类别 | 车铃 商品名称 | 10948 销售数量 |
| | 配件 商品类别 | 打气筒 商品名称 | 21418 销售数量 |
| | 配件 商品类别 | 挡泥板 商品名称 | 9779 销售数量 |
| 销售金额 107 百万 | 配件 商品类别 | 货架/尾架 商品名称 | 11778 销售数量 |
| | 配件 商品类别 | 脚撑 商品名称 | 14220 销售数量 |
| | 配件 商品类别 | 脚踏 商品名称 | 15371 销售数量 |
| | 配件 商品类别 | 水壶架 商品名称 | 15695 销售数量 |
| 销售利润 55 百万 | 配件 商品类别 | 尾灯 商品名称 | 16736 销售数量 |
| | 配件 商品类别 | 自行车车灯 商品名称 | 23563 销售数量 |

## 9.1.10　切片器

　　借助 Power BI Desktop 中的切片器，可以筛选其他视觉对象中的日期、数值或其他类型的数据。但需要注意的是，创建切片器的字段必须源于其他视觉对象的数据源表中的字段，或者创建切片器的字段所属的数据源表与其他视觉对象的数据源表之间必须存在数据关系，这样切片器才能与其他视觉对象建立关联，从而筛选数据内容。

　　已知整年的商品销售数据，现要在报表中灵活查看某种商品类别下某个商品的销售数据，以及对比某时间段内（该时间段可随时调整）的销售金额。

　　◎ 原始文件：下载资源\实例文件\第9章\原始文件\切片器.pbix
　　◎ 最终文件：下载资源\实例文件\第9章\最终文件\切片器.pbix

**步骤01** 创建切片器。打开原始文件，❶在"可视化"窗格中单击"切片器"，❷在"字段"窗格的"总表"中勾选"商品类别"字段，如下左图所示。❸切换至"可视化"窗格的"格式"选项卡，❹在"常规"组中单击"方向"下拉列表框，❺在展开的列表中单击"水平"选项，如下右图所示。

 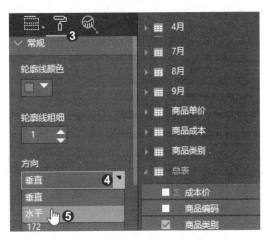

**步骤02** 设置切片器标头和项目格式。❶在"切片器标头"组中设置标头的"字体颜色""背景""文本大小"，如下左图所示。❷在"项目"组中设置项目的"字体颜色""背景""文本大小"，如下右图所示。

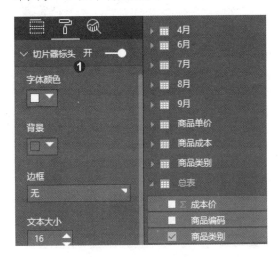 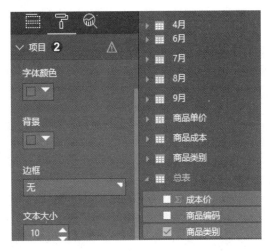

步骤 **03** 继续创建切片器。在画布的空白位置单击，❶在"可视化"窗格中单击"切片器"，❷在"字段"窗格中勾选"商品名称"字段，如右图所示。随后对新创建的切片器进行格式设置，完成"商品类别"和"商品名称"切片器的创建。

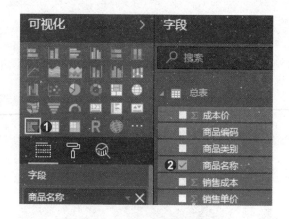

步骤 **04** 筛选字段。调整两个切片器的大小和位置。如果要在切片器中开始筛选字段，可在"商品类别"切片器中单击要查看的商品类别，如"骑行装备"，如下左图所示。

步骤 **05** 继续筛选字段。此时可看到上方四个卡片图的数据会自动随着筛选而改变，只显示"骑行装备"类别的销售数据。若要查看"骑行装备"类别中某个商品的销售数据，则在"商品名称"切片器中单击要查看的商品，如单击"骑行头盔"，如下右图所示。

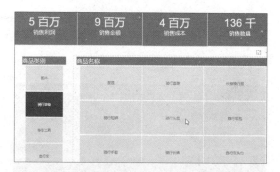

步骤 **06** 清除筛选。如果要清除以上筛选，返回未筛选时的效果，则单击切片器右上角的"清除选择"按钮，如右图所示。

**步骤07** 创建日期切片器。切换至"1月销售金额柱形图"报表页，该报表页中显示了1月份每天的销售金额对比情况，如果要筛选出某个时间段内的对比情况，可创建日期类型的切片器。❶在"可视化"窗格中单击"切片器"，❷在"字段"窗格的"1月"表中勾选"销售日期"字段，如下左图所示。❸在"格式"选项卡下的"日期输入"组中设置切片器中日期的"字体颜色""文本大小"等格式，如下右图所示。

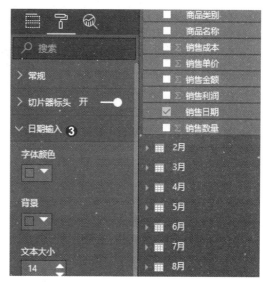

**步骤08** 拖动滑块进行筛选。完成日期切片器的创建和格式设置后，调整切片器的大小和位置，在切片器上拖动滑块，如右图所示，即可改变柱形图中数据的日期范围。

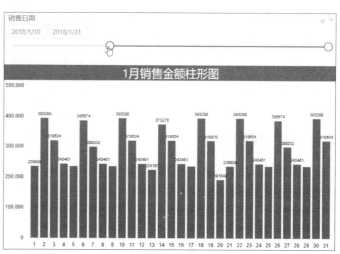

步骤09 使用日历表筛选。除了拖动滑块进行筛选，还可以直接在日期输入框中输入要筛选的日期（格式须为"yyyy/m/d"），或者在展开的日历表中选择要筛选的日期。在切片器中单击开始日期的输入框，在展开的日历表中选择要开始筛选的日期为2018年1月14日，如右图所示。

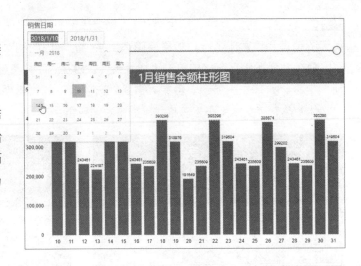

步骤10 查看筛选结果。完成日期筛选后，可看到柱形图中只显示2018年1月14日至2018年1月31日的数据，如右图所示。如果要清除筛选，单击切片器右上角的"清除选择"按钮。

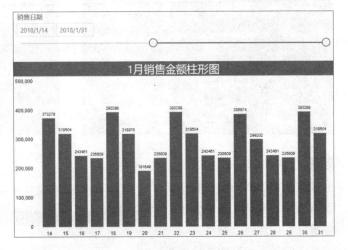

## 9.1.11 KPI

KPI 即关键绩效指标，是衡量流程绩效的一种目标式量化管理指标，是企业绩效管理的基础。在 Power BI Desktop 中，KPI 常用于直观展现目标是否达成及指标和目标之间的差距，结合切片器，还可以直接量化各个维度或每个时间段的指标考核。

已知销售额的实际值与目标值，现要在报表中展示某月销售额的实际值与目标值的差距。

◎　原始文件：下载资源\实例文件\第9章\原始文件\KPI.pbix
◎　最终文件：下载资源\实例文件\第9章\最终文件\KPI.pbix

步骤01 创建KPI。打开原始文件，❶在"可视化"窗格中单击"KPI"，❷在"字段"窗格中勾选字段，并在"可视化"窗格的"字段"选项卡下确保字段被添加到合理的位置，如下左图所示。❸切换至"可视化"窗格的"格式"选项卡，❹在"颜色编码"组中设置"方向""颜色正确""中性色""颜色错误"，如下右图所示。

 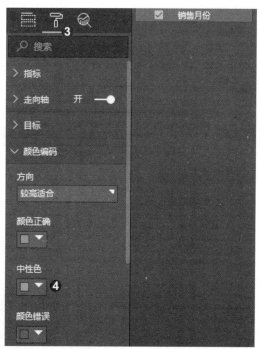

### 技巧提示

　　在"颜色编码"组中，"方向"指的是指标与目标的关系：如果指标越高越好，如销售额指标比目标高才是达成目标，则选择"较高适合"；如果指标越低越好，如费用率、应收账款周转天数等，指标比目标低才是达成目标，则选择"较低适合"。"颜色正确"代表达成目标，"中性色"代表和目标持平，"颜色错误"代表未达成目标。这些颜色可根据实际需求更改。

步骤 02 查看KPI。在"格式"选项卡下设置KPI的其他元素的格式，完成后调整视觉对象的大小和位置，得到如下图所示的效果。最中央的大字是12月的实际销售额，下面的小字是12月的目标销售额，括号中的小字是实际销售额距离目标销售额的百分比，也就是说这个KPI指标代表12月的实际销售额超出了目标销售额31.5%。背景中的阴影部分表现的是实际销售额在12个月中的变动趋势，可以看出1月至12月的实际销售额总体呈振荡中上涨的趋势。

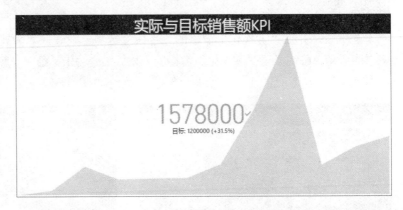

步骤 03 创建切片器筛选月份。为了查看其他月份的KPI情况，在报表中添加一个"销售月份"字段的切片器，并设置好切片器的格式、位置和大小。在切片器中单击要查看的月份，如4月，如右图所示。

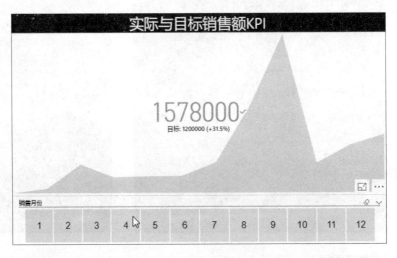

步骤 04 查看筛选效果。筛选完成后，可看到4月的实际销售额数据呈红色，说明4月未完成目标，而且由于被切片器筛选，背景中的趋势图就消失了。此时的KPI相当于一个带有目标值的卡片图，如下图所示。

## 9.1.12　表

在 Power BI Desktop 的视觉对象中，有一个名为表的视觉对象。该视觉对象不仅可以在报表中提供多个字段的明细数据，还可以使用条件格式功能为不同的字段设置不同的格式，让数据的比较方式更加多样化。

已知整年的商品销售数据，现要在报表中直观展示和比较各商品的销售利润、销售金额、销售成本。

　　◎　原始文件：下载资源\实例文件\第9章\原始文件\表.pbix
　　◎　最终文件：下载资源\实例文件\第9章\最终文件\表.pbix

步骤01 创建表并设置条件格式。打开原始文件，❶在"可视化"窗格中单击"表"，❷在"字段"窗格中勾选字段，❸并在"可视化"窗格的"字段"选项卡下调整字段的排列顺序，如下左图所示。❹在"值"组中单击"销售利润"字段右侧的下三角按钮，❺在展开的列表中单击"条件格式>背景色"选项，如下右图所示。

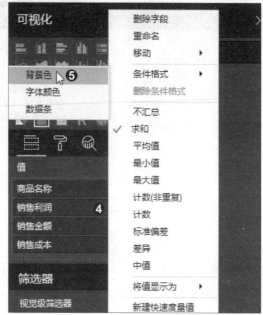

**步骤 02** 设置背景色。在打开的"背景色-销售利润"对话框中可以配置背景色。为了快速完成设置，❶直接勾选"散射"复选框，对给定的值范围使用离散的颜色值，❷单击"确定"按钮，如右图所示。

**步骤 03** 设置字体颜色。在"值"组中单击"销售金额"字段右侧的下三角按钮，在展开的

列表中单击"条件格式>字
体颜色"选项，打开"字体
颜色-销售金额"对话框，
在该对话框中也可以进行相
同的操作。❶勾选"散射"
复选框，❷单击"确定"按
钮，如右图所示。也可以自
定义颜色。

**步骤 04** 添加数据条。应用相同的方法为"销售成本"字段添加数据条，❶在打开的"数据
条"对话框中勾选"仅显示条形图"复选框，并设置正值条形图和负值条形图的颜色、条形
图方向等，❷完成后单击"确定"按钮，如下左图所示。

**步骤 05** 创建切片器。为了更好地查看各商品类别下各个商品的销售数据，可添加"商品类
别"切片器，❶在"可视化"窗格中单击"切片器"，❷在"字段"窗格中勾选字段，如下
右图所示。

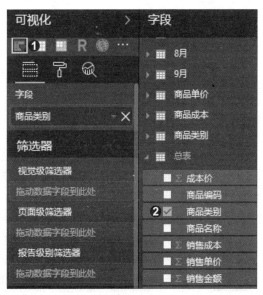

**步骤 06** 筛选商品类别。调整视觉对象的大小和位置，并设置视觉对象的列宽、字体大小、颜色、样式等，可看到各商品的销售数据表格。如果要筛选出某个商品类别的数据，则在切片器中单击要查看的商品类别，如"配件"，如右图所示。

| 商品类别 | 商品名称 | 销售利润 | 销售金额 | 销售成本 |
|---|---|---|---|---|
| 配件 | 补胎胶水 | 51389 | 77082 | |
| | 自行车头巾 | 210042 | 260052 | |
| | 骑行手套 | 191736 | 255648 | |
| 骑行装备 | 润滑油 | 178959 | 244035 | |
| | 车铃 | 142324 | 208012 | |
| | 脚撑 | 298620 | 369720 | |
| | 气门芯 | 163415 | 256795 | |
| 修车工具 | 货架/尾架 | 259116 | 353340 | |
| | 水壶架 | 282510 | 392375 | |
| | 坐垫 | 417324 | 531776 | |
| | 挡泥板 | 166243 | 283591 | |
| 自行车 | 补胎片 | 154160 | 277488 | |
| **总计** | | **55403316** | **107008427** | **51605111** |

**步骤 07** 查看筛选效果。可看到表视觉对象中只显示"配件"类商品的销售数据，并且通过设置的条件格式，可直观比较各个商品的销售情况，如右图所示。

| 商品类别 | 商品名称 | 销售利润 | 销售金额 | 销售成本 |
|---|---|---|---|---|
| 配件 | 车铃 | 142324 | 208012 | |
| | 脚撑 | 298620 | 369720 | |
| | 货架/尾架 | 259116 | 353340 | |
| 骑行装备 | 水壶架 | 282510 | 392375 | |
| | 坐垫 | 417824 | 531776 | |
| | 挡泥板 | 166243 | 283591 | |
| | 脚踏 | 261307 | 415017 | |
| 修车工具 | 打气筒 | 299852 | 471196 | |
| | 自行车车锁 | 214304 | 482184 | |
| | 车把 | 255675 | 647710 | |
| | 尾灯 | 384928 | 1489504 | |
| 自行车 | 自行车车灯 | 1154587 | 2968938 | |
| **总计** | | **4137290** | **8613363** | **4476073** |

## 9.1.13　矩阵

在 Power BI Desktop 报表中创建矩阵视觉对象，可以查看表中某个字段的数据信息及合计值；如果行中有多个级别的字段，可以使用钻取功能查看下一级别的数据；使用条件格式功能还可以突出显示矩阵内的元素大小。

已知整年的商品销售数据，现要在报表中展示和比较商品在各季度的销售数量。

◎ **原始文件：** 下载资源\实例文件\第9章\原始文件\矩阵.pbix
◎ **最终文件：** 下载资源\实例文件\第9章\最终文件\矩阵.pbix

步骤01 创建矩阵。打开原始文件，❶在"可视化"窗格中单击"矩阵"，❷在"字段"窗格中勾选字段，❸为了查看某商品类别下各商品的销售情况，在"可视化"窗格的"字段"选项卡下确保"商品类别"字段在"商品名称"字段的上方，如下左图所示。❹切换至"可视化"窗格的"格式"选项卡，❺在"样式"组中单击"样式"下拉列表框，❻在展开的列表中选择样式，如下右图所示。

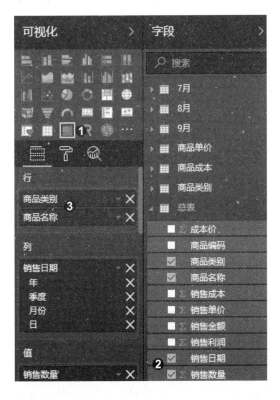
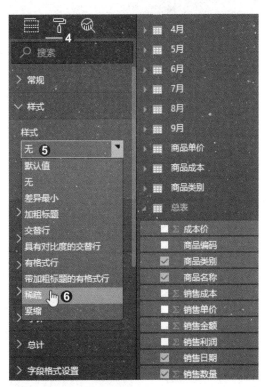

步骤02 设置条件格式。继续在"可视化"窗格的"格式"选项卡下设置视觉对象的列标题、行标题、值等元素的格式。❶在"条件格式"组中单击"数据条"下的滑块，启用该选项，❷单击"高级控件"按钮，如下左图所示。打开"数据条"对话框，在对话框中可设置数据条的最小值、最大值、显示颜色等选项，❸此处只设置条形图的方向和轴颜色，其他选项保持默认设置，❹完成后单击"确定"按钮，如下右图所示。

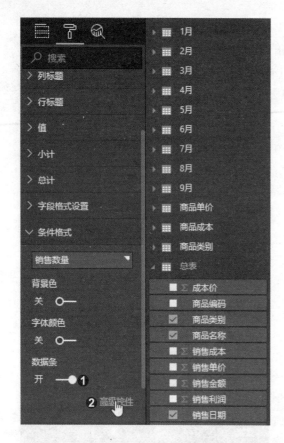

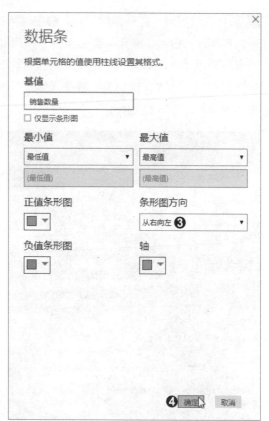

**步骤03** 查看矩阵效果。完成矩阵的创建和格式设置后，调整矩阵的列宽、大小和位置，查看各商品类别在各季度的销售数量数据，通过数据条可直观对比数据大小。如果要查看某商品类别下商品的销售数量情况，❶则在该商品类别名称上右击，❷在弹出的快捷菜单中单击"向下钻取"命令，如右图所示。

| 商品类别 | 季度 1 | 季度 2 | 季度 3 | 季度 4 |
|---|---|---|---|---|
| 配件 | 46600 | 46827 | 47498 | 48014 |
| 骑行装备 ❶ | 展开 ▶ | 33883 | 34380 | 34218 |
| 修车工具 | 折叠 | 30495 | 30864 | 30864 |
| 自行车 | 向下钻取 ❷ | 29514 | 30194 | 30530 |
| 总计 | 显示下一级别 | 140719 | 142936 | 143626 |
|  | 扩展至下一级别 |  |  |  |
|  | 显示数据 |  |  |  |

**商品销售数量表**

步骤 04　查看效果。随后可看到该商品类别下各个商品在各季度的销售数量及相应的总计值，如下图所示。

| 商品销售数量表 | | | | |
|---|---|---|---|---|
| 商品类别 | 季度 1 | 季度 2 | 季度 3 | 季度 4 |
| 骑行装备 | 33423 | 33883 | 34380 | 34218 |
| 面罩 | 4524 | 4620 | 4668 | 4668 |
| 骑行短裤 | 3303 | 3413 | 3479 | 3404 |
| 骑行手套 | 2600 | 2654 | 2699 | 2699 |
| 骑行套装 | 3572 | 3568 | 3593 | 3593 |
| 骑行头盔 | 4261 | 4293 | 4362 | 4362 |
| 骑行长裤 | 4257 | 4249 | 4320 | 4320 |
| 长袖骑行服 | 5533 | 5773 | 5921 | 5834 |
| 自行车包 | 2841 | 2833 | 2843 | 2843 |
| 自行车头巾 | 2532 | 2480 | 2495 | 2495 |
| 总计 | 33423 | 33883 | 34380 | 34218 |

## 9.1.14　组合图

在 Power BI Desktop 中，组合图是指将两个图表合并为一个图表的单个视觉对象，其类型有两种——折线图和堆积柱形图的组合、折线图和簇状柱形图的组合。

已知 2017 年和 2018 年的月度销售额数据，现要在报表中对比同月的销售额，并展示月度销售额同比增幅的变动趋势。

◎　原始文件：下载资源\实例文件\第9章\原始文件\组合图.pbix
◎　最终文件：下载资源\实例文件\第9章\最终文件\组合图.pbix

步骤 01　创建组合图。打开原始文件，❶在"可视化"窗格中单击"折线和簇状柱形图"，❷在"字段"窗格中勾选字段，如下左图所示。❸在"可视化"窗格的"字段"选项卡下调整字段的位置，❹并将"共享轴"中"月份"字段下除"月份"外的其他日期层次删除，如下右图所示。

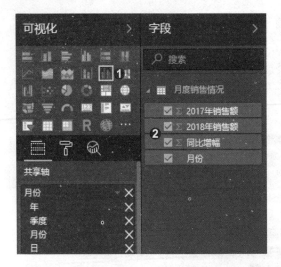

步骤 02 查看组合图。在
"可视化"窗格的"格
式"选项卡下设置组合
图的格式，在画布中调整
组合图的大小和位置，得
到如右图所示的效果。通
过该组合图，既可以对比
2017年和2018年各月的
销售额大小，还可以查看
各月的同比增幅情况。

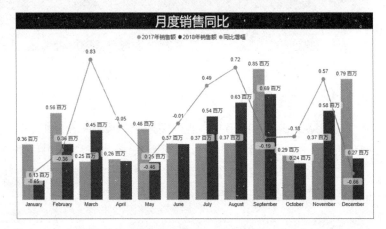

## 9.1.15　功能区图表

　　Power BI Desktop 中的功能区图表可在连续的时间区间内连接一个数据类别，并在每个
时间段内始终将数据类别的最大值显示在最顶部，还能够高效地显示排名变化。

　　已知某月的商品销售数据，现要在报表中展示各商品类别在该月每天的销售金额排名变
化情况。

◎ 原始文件：下载资源\实例文件\第9章\原始文件\功能区图表.pbix
◎ 最终文件：下载资源\实例文件\第9章\最终文件\功能区图表.pbix

**步骤01** 创建功能区图表。打开原始文件，❶在"可视化"窗格中单击"功能区图表"，❷在"字段"窗格中勾选字段，❸在"可视化"窗格的"字段"选项卡下调整字段的位置，并将"轴"中"销售日期"字段下除"日"外的其他日期层次删除，如下左图所示。❹切换至"格式"选项卡，❺在"功能区"组中设置"间距"的大小，如下右图所示。

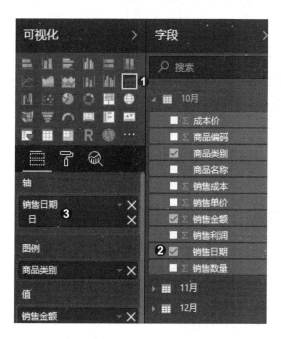

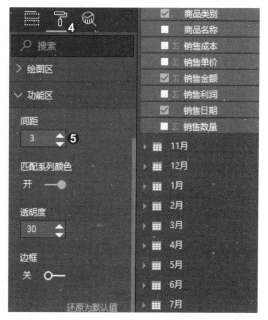

**步骤02** 查看功能区图表。设置功能区图表的其他元素的格式，并在画布中调整功能区图表的大小和位置，得到如下图所示的效果。通过该图表，可发现在10月的无论哪一天，"自行车"类商品的销售金额排名都最高，"修车工具"类商品的销售金额排名都最低，而"配件"和"骑行装备"类商品的销售金额排名则呈波动式交替变化。

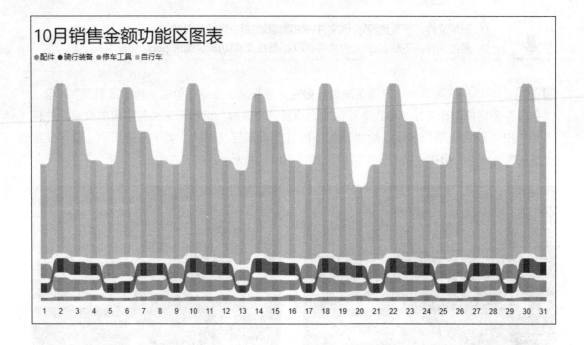

## 9.2  使用组功能归类数据

在 Power BI Desktop 中，为了更清楚地查看、分析和浏览视觉对象中的数据和趋势，可以对数据点进行分组，将指标归入类型相同的组，这样更有助于执行合理的数据可视化。

已知商品销售数量对比情况，现要在报表的视觉对象中将属于同一类别商品的数据展示为同种颜色。

◎  原始文件：下载资源\实例文件\第9章\原始文件\使用组功能归类数据.pbix
◎  最终文件：下载资源\实例文件\第9章\最终文件\使用组功能归类数据.pbix

步骤01 新建组。打开原始文件，❶按住【Ctrl】键，在视觉对象中依次单击多个商品数据系列，将这些数据系列同时选中，在所选的任意数据系列上右击，❷在弹出的快捷菜单中单击"组"命令，如下图所示。

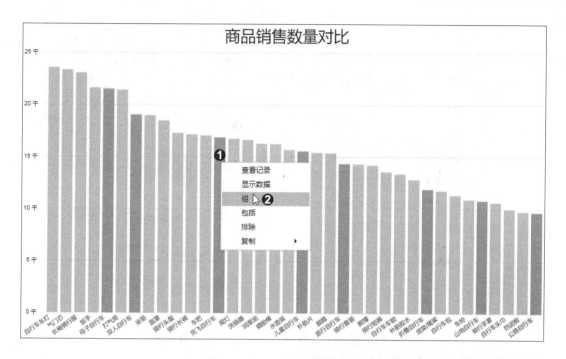

步骤 02 编辑组。创建的组会被添加到"可视化"窗格中的"图例"组中，并且还会显示在"字段"窗格中。❶在"图例"组中右击新添加的字段，❷在弹出的快捷菜单中单击"编辑组"命令，如右图所示。

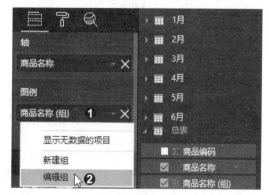

步骤 03 继续创建组。打开"组"对话框，❶在"组和成员"列表框中双击要更改组名的组，输入"自行车"后按下【Enter】键确认。❷在"未分组值"列表框中，按住【Ctrl】键依次单击选中要分为一个组的商品名称，❸然后单击"组"按钮，如下图所示。

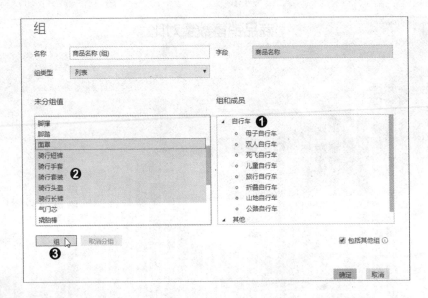

**步骤04** 完成分组。应用相同的方法将同类商品创建为一个组，并对组名进行设置。在创建最后一个组时，不需要在"未分组值"列表框中选择商品名称，❶只需要保持"包括其他组"复选框的选中状态，❷并对"其他"组进行重命名即可，❸完成后单击"确定"按钮，如下图所示。

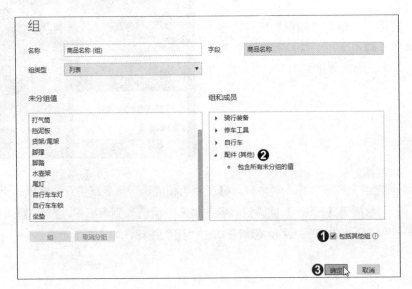

步骤05 查看分组后的效果。完成组的创建后，返回报表中，可看到不同组中的商品数据系列显示为不同的颜色，同一个组中的商品数据系列则显示为同一种颜色，如下图所示。从图中

可明显看出，销售数量最高的是"配件"类中的"自行车车灯"，销售数量最低的是"自行车"类中的"公路自行车"。

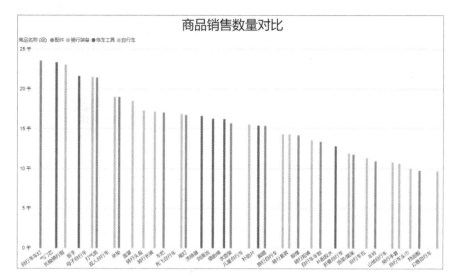

## 9.3　使用预测功能预测未来区间

若要在 Power BI Desktop 中预测未来，可使用视觉对象的预测功能来实现。需要注意的是，该预测功能只能应用于折线图视觉对象。

已知 2017 年 1 月至 2018 年 3 月的销售额折线图，现要预测未来 3 个月（2018 年 4 月至 6 月）的销售额趋势及大致的销售额范围。

◎　原始文件：下载资源\实例文件\第9章\原始文件\使用预测功能预测未来区间.pbix
◎　最终文件：下载资源\实例文件\第9章\最终文件\使用预测功能预测未来区间.pbix

步骤01 查看折线图。打开原始文件，可看到根据2017年1月至2018年3月的销售额数据制作的折线图效果。将鼠标指针放置在折线图的任意数据点上，可查看具体的日期及对应的销售额数据，如下图所示。

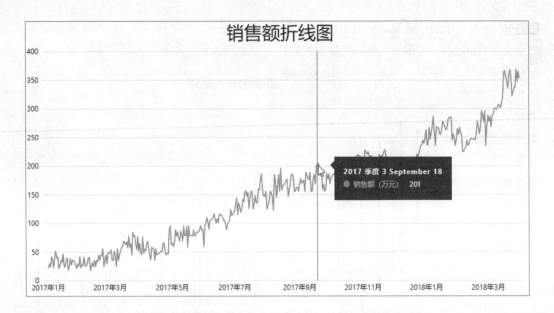

步骤 02 使用预测功能。选中折线图视觉对象，❶切换至"可视化"窗格的"分析"选项卡，
❷在"预测"组中单击"添加"按钮，如下左图所示。❸在添加的预测线下的文本框中输入
"预测未来3个月的销售额"，❹设置"预测长度"为3个月，❺"置信区间"为"95%"，
❻"季节性"为"90"点，❼单击"应用"按钮，如下右图所示。

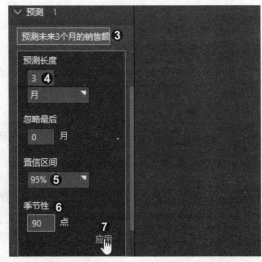

**技巧提示**

预测功能中各个参数的含义如下。

- 预测长度：输入需要预测的时间长度，在本例中是3个月。
- 忽略最后：是否需要忽略最后一个时间周期，只使用已经完成的数据进行预测。
- 置信区间：选择置信区间，相当于选择一个可接受的预测准确性。置信区间越大，返回的预测范围越宽。
- 季节性：周期，也可以理解为取过去多长的周期进行预测。

步骤03 查看预测结果。完成预测线的添加后，可看到未来3个月的销售额趋势及大致的区间范围，如下图所示。

# 9.4 使用工具提示制作悬浮图表

利用 Power BI Desktop 中的工具提示功能，可以制作出鼠标悬停在视觉对象的数据系列上时，同步显示该数据系列下的其他视觉对象的效果。这样不仅可以查看总体数据，也可以同时查看某个数据系列的具体数据，既灵活又方便。

已知月度销售利润对比柱形图，现要在该视觉对象上同步展示某月的商品类别销售利润占比情况。

**技巧提示**

如果在所使用的Power BI Desktop中找不到工具提示功能，需将软件更新到最新版本。

◎ 原始文件：下载资源\实例文件\第9章\原始文件\使用工具提示制作悬浮图表.pbix
◎ 最终文件：下载资源\实例文件\第9章\最终文件\使用工具提示制作悬浮图表.pbix

**步骤01** 新建并重命名报表页。打开原始文件，在报表中新建一个空白页，并将该空白页重命名为"工具提示"，如右图所示。

**步骤02** 启动工具提示功能。❶切换至"可视化"窗格的"格式"选项卡，❷在"页面信息"组中单击"工具提示"下的滑块，启用该选项，如下左图所示。由于工具提示会悬浮在视觉对象上方，所以其大小需合适，不能完全遮挡原有的报表内容。❸在"页面大小"组中单击"类型"下拉列表框，❹在展开的列表中单击"工具提示"选项，如下右图所示。

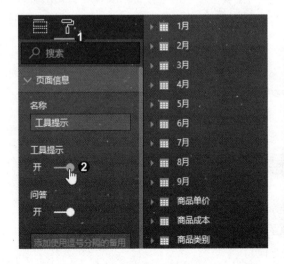

步骤 03 查看工具提示的实际大小。为了更好地查看工具提示的实际大小，❶切换至"视图"选项卡，❷在"视图"组中单击"页面视图"按钮，❸在展开的列表中单击"实际大小"选项，如右图所示。

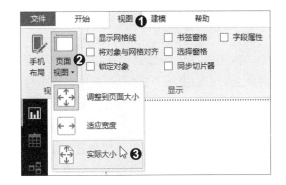

步骤 04 创建"工具提示"页中的视觉对象。❶在"可视化"窗格中单击"饼图"，❷在"字段"窗格中勾选字段，如下左图所示。随后在"格式"选项卡下设置好饼图的格式，❸可看到"工具提示"页中的视觉对象，如下右图所示。

步骤05 使用报表页作为工具提示。创建好"工具提示"页后，可将其配置到其他页中，以工具提示的形式显示在指定的视觉对象上方。切换至"第1页"页中，选中柱形图视觉对象，❶在"可视化"窗格的"格式"选项卡下确保"工具提示"选项处于开启状态，❷单击"页码"下拉列表框，❸在展开的列表中单击"工具提示"选项，如右图所示。

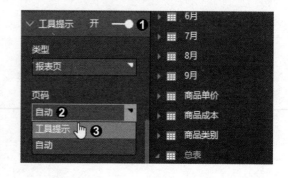

步骤06 显示悬浮的图表。将鼠标指针放置在柱形图中任意一个月的数据系列上，如放置在3月的柱形上，可看到悬浮的工具提示效果，其中显示了3月的商品类别销售利润占比饼图，如下图所示，极大地方便了从不同角度研究数据。

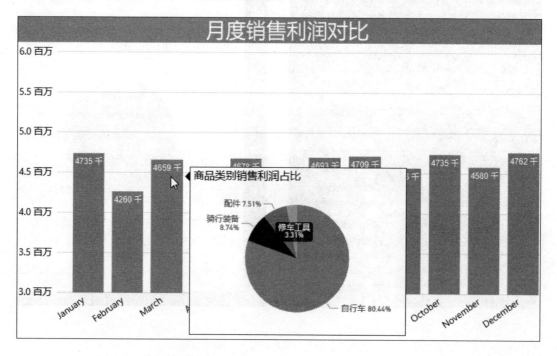

步骤 07 查看其他月份的利润占比。再将鼠标指针放置在7月的柱形上，则显示的工具提示中的饼图会自动切换为7月的商品类别销售利润占比数据，如下图所示。

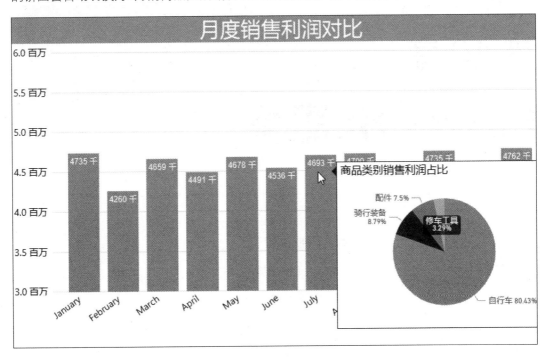

# 第 10 章
# Power BI 服务

Power BI 服务是一种基于云的在线服务，可以为用户提供关键业务数据的报表，并实时更新重要的数据指标，可以实现报表编辑和应用的团队协作。在实际工作中，大多数企业都使用 Power BI Desktop 创建报表，然后使用 Power BI 服务与他人共享报表。

本章将详细介绍 Power BI Desktop 报表的发布、仪表板的制作和编辑、Power BI 的协作和共享。

# 10.1　将报表发布到Power BI服务

要想实现随时随地跨平台地管理、维护、分析数据，首先就要将 Power BI Desktop 中的报表发布到 Power BI 服务中。将 Power BI Desktop 文件发布到 Power BI 服务中后，模型中的数据及生成的所有报表都会发布到 Power BI 服务的工作区。

◎ 原始文件：下载资源\实例文件\第10章\原始文件\App会员分布情况.pbix
◎ 最终文件：无

**步骤01** 启动发布功能。打开原始文件，在 Power BI Desktop窗口的"开始"选项卡下的"共享"组中单击"发布"按钮，如右图所示。

**步骤02** 发布到Power BI。如果未登录Power BI账户，则会弹出登录界面，登录完成后，弹出"发布到Power BI"对话框，❶选择一个目标位置，如"我的工作区"，❷单击"选择"按钮，如右图所示。

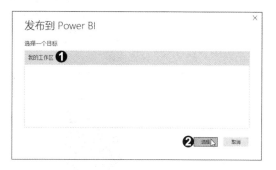

**步骤03** 完成报表的发布。等待一段时间后，报表发布完成，在对话框中会显示报表发布后的链接，单击该链接，如右图所示。

步骤 04 查看报表发布效果。可在打开的浏览器中看到在 Power BI 服务中打开的报表效果，如右图所示。

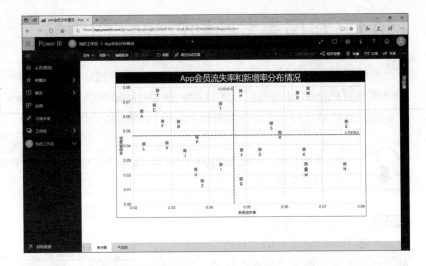

步骤 05 切换查看报表页。如果报表含有多个页面，则可在底部的页面选项卡中切换至其他报表页进行查看，如右图所示。

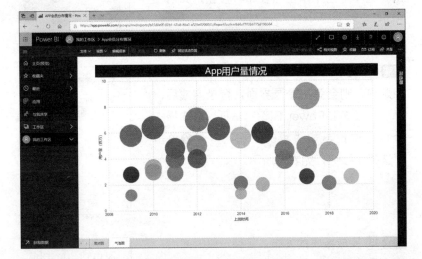

**技巧提示**

在 Power BI 服务中对报表进行的任何更改，如添加、删除或编辑报表中的视觉对象，都不会保存到原始的 Power BI Desktop 文件中。

## 10.2　Power BI服务界面介绍

如果用户已经注册了一个 Power BI 账户，且在 Power BI Desktop 中将多个报表发布到了 Power BI 服务中，可在浏览器的地址栏中输入"https://app.powerbi.com/"，登录到 Power BI 服务中后，切换至"工作区"的"报表"界面，可在该界面看到通过 Power BI Desktop 发布到 Power BI 服务中的多个报表效果，如下图所示。Power BI 服务的工作区界面中各区域的名称和功能如下表所示。

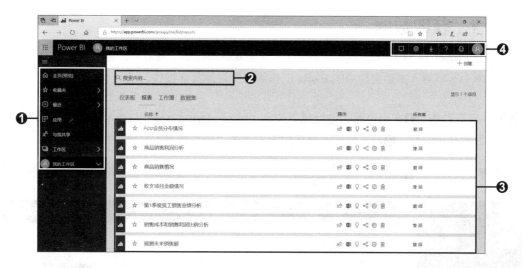

| 序号 | 名称 | 功能 |
|------|------|------|
| ❶ | 导航窗格 | 包含"主页（预览）""收藏夹""最近""应用""与我共享""工作区""我的工作区"按钮，用于跳转到相应的模块 |
| ❷ | 搜索框 | 用于搜索内容 |
| ❸ | 我的工作区界面 | 包含仪表板、报表、工作簿、数据集 |
| ❹ | 图标按钮 | 包含"通知""设置""下载""帮助和支持""反馈""配置文件"按钮 |

# 10.3 在Power BI服务中制作和编辑仪表板

仪表板是 Power BI 服务的一个功能,是通过视觉对象展示数据信息的单个页面,常用于监控业务和查看重要指标。仪表板上的视觉对象称为磁贴,通过 Power BI 服务中的报表,可将磁贴固定到仪表板中。需要注意的是,在 Power BI Desktop 和移动设备上无法创建仪表板,但可以在移动设备中查看和共享仪表板。

## 10.3.1 获取数据

要在 Power BI 服务中制作仪表板,首先就需要导入数据。可导入的数据的来源和类型有很多,本小节以导入本地文件中的 Excel 工作簿为例讲解具体操作。

**步骤01** 获取数据。❶在浏览器的地址栏中输入 "https://app.powerbi.com/",打开Power BI 服务页面并登录账户,❷在左侧导航窗格的下方单击 "获取数据" 按钮,如下图所示。

步骤 02 获取文件中的数据。进入"我的工作区"界面，在"新建内容"的下方单击"文件"中的"获取"按钮，如下图所示。

步骤 03 获取本地文件。进入新的界面，这里要获取的是保存在本地计算机中的Excel工作簿，所以单击"本地文件"按钮，如下图所示。

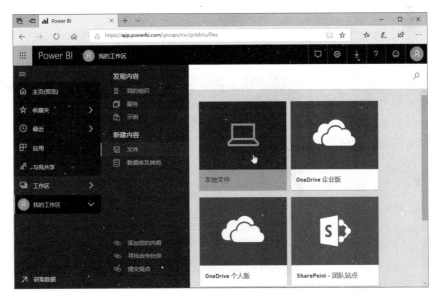

步骤 04 选择文件。打开"打开"对话框，❶选择要获取的Excel工作簿，❷单击"打开"按钮，如下图所示。

步骤 05 导入本地文件。完成文件的选择后，如果要将该文件添加为数据集，然后使用它来创建报表和仪表板，就在Power BI服务中单击"导入"按钮，如右图所示。如果单击"上载"按钮，则所选Excel工作簿将被上传至Power BI服务，然后可以在Excel Online中打开和编辑。

步骤06 查看数据集。完成
文件的导入后，在Power
BI服务界面右上角出现的
对话框中单击"查看数据
集"按钮，如右图所示。

步骤07 查看文件导入效果。进入Power BI服务的报表编辑视图，在该视图中可以创建和修改
报表。在右侧可看到导入文件中的字段，由于尚未创建任何视觉对象，所以报表画布是空白
的，如下图所示。

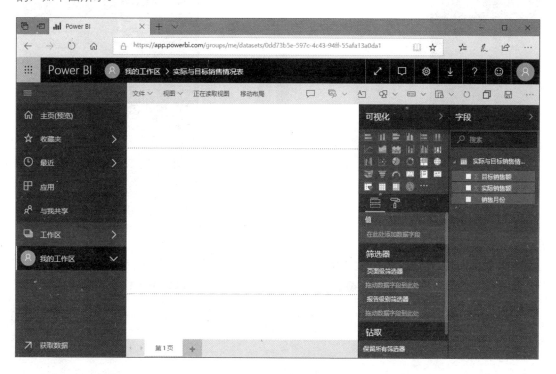

## 10.3.2　制作仪表板

在 Power BI 服务中连接到数据后，就可以创建仪表板来监视数据内容并查看数据内容在
不同时间的变化。

**步骤01** 固定视觉对象。❶在报表编辑视图右侧的"字段"窗格中勾选字段，❷在"可视化"窗格中单击"折线和簇状柱形图"，可在画布中看到创建的视觉对象，调整视觉对象的大小和位置，❸单击视觉对象右上角的"固定视觉对象"按钮，如下图所示。

**步骤02** 保存报表。由于上面创建的是一个新报表，所以在将视觉对象固定到仪表板之前，系统会弹出"保存报表"对话框，❶在文本框中输入报表名称，❷单击"保存"按钮，如下图所示。

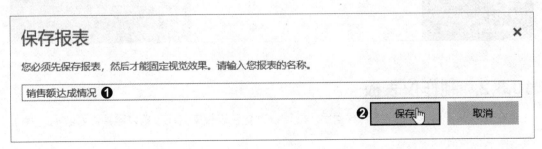

步骤 03 固定到仪表板。随后打开"固定到仪表板"对话框，❶单击"新建仪表板"单选按钮，❷在"仪表板名称"文本框中输入名称，❸单击"固定"按钮，如下图所示。

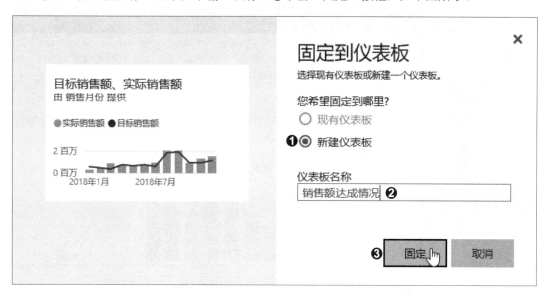

步骤 04 转至仪表板。将视觉对象成功固定到仪表板后，在Power BI服务界面的右上角会显示一个"已固定至仪表板"对话框，如果要查看制作的仪表板效果，❶则在对话框中单击"转至仪表板"按钮，如下左图所示。❷随后系统自动切换至"我的工作区>仪表板"中，❸单击要查看的仪表板名称，如下右图所示。

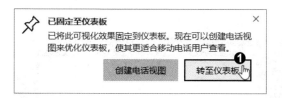

步骤 05 查看仪表板。此时可看到展示的仪表板效果，如下图所示。如果要返回制作仪表板的报表中，在仪表板上单击磁贴即可。此外，仪表板中的视觉对象会随着报表数据的变化不断更新，让用户可以跟踪最新的进展。

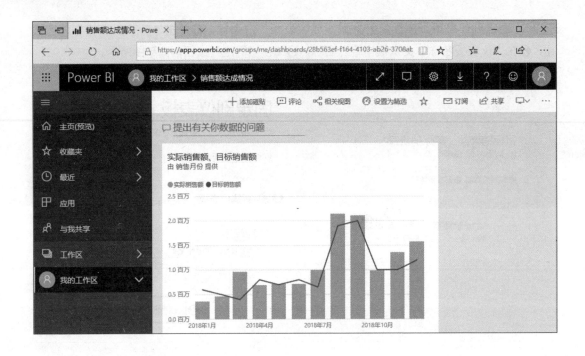

### 10.3.3 使用问答功能探索更多信息

如果要在仪表板中快速浏览和探索其他数据信息，并将信息的视觉对象固定到仪表板，可通过 Power BI 服务中的问答功能来完成。

步骤01 搜索答案并固定视觉对象。❶在仪表板上的问答搜索框中输入有关数据的问题，❷随后仪表板中会以视觉对象的形式显示该问题的答案，如果要将答案的视觉对象固定在仪表板中，❸单击"固定视觉对象"按钮，如右图所示。

**步骤 02** 固定到仪表板。弹出"固定到仪表板"对话框，❶单击"现有仪表板"单选按钮，❷单击"固定"按钮，如下图所示。此处由于现有的仪表板只有一个，所以无需在"选择现有仪表板"下拉列表框中选择，如果有多个仪表板，则需要选择。

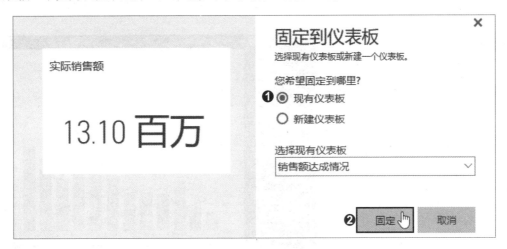

**步骤 03** 查看固定效果。应用相同的方法在问答搜索框中搜索需要的答案，并将答案的视觉对象固定到仪表板中，效果如下图所示。

### 10.3.4　编辑仪表板中的磁贴

如果仪表板中磁贴的大小、位置及其他数据信息不符合实际的分析需求，可在仪表板中编辑磁贴。

**步骤01** 调整磁贴大小。在仪表板中拖动磁贴右下角的图柄，如右图所示，即可调整仪表板中磁贴的大小。

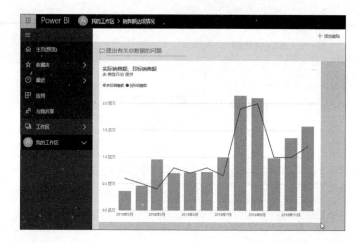

**步骤02** 移动磁贴位置。在磁贴上按住鼠标左键不放并拖动，即可改变磁贴在仪表板中的位置，如右图所示。应用相同方法移动其他磁贴并调整大小。

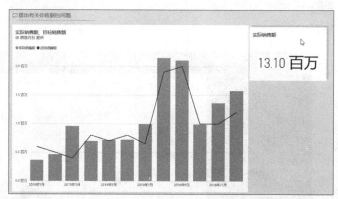

**步骤03** 启动磁贴的信息编辑功能。默认情况下，单击仪表板中的磁贴后会转到用于创建此磁贴的报表中；如果磁贴是在Power BI服务的问答中创建的，则会转到Power BI问答中。若要在单击磁贴时链接到网页、其他报表、其他仪表板或其他在线内容，可为磁贴添加自定义的链接。❶单击磁贴右上角的"更多选项"按钮（图标是3个小圆点），❷在展开的列表中单击"编辑详细信息"选项，如下图所示。

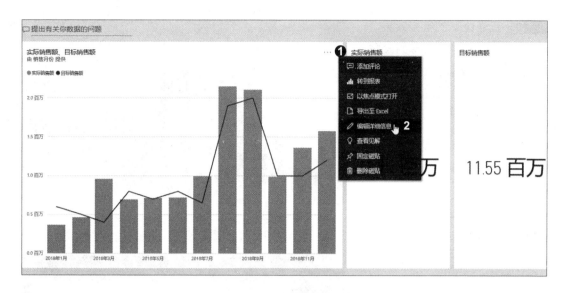

步骤 04 编辑磁贴详细信息。在仪表板的右侧会出现一个"磁贴详细信息"窗格，❶重新输入"标题"内容并删除"字幕"内容，如下左图所示。❷勾选"设置自定义链接"复选框，❸在"链接类型"下单击"链接到当前工作区中的仪表板或报表"单选按钮，❹在"要链接到的仪表板或报表"下拉列表框中选择要链接到的对象，❺单击"应用"按钮，如下右图所示。如果要链接到的仪表板或报表还未添加到Power BI服务中，则需要创建新的仪表板或者在Power BI Desktop中将要链接到的报表发布到Power BI服务中。

步骤 05 查看磁贴的链接效果。
此时，编辑了详细信息的磁贴
上会显示新的标题，如果要查
看磁贴单击后的跳转效果，则
单击该磁贴，如右图所示。

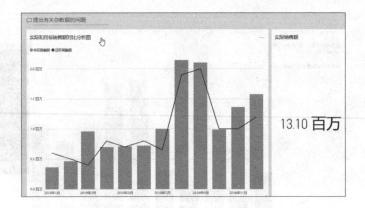

步骤 06 查看跳转效果。随后会
自动跳转至链接的报表中，如
右图所示。

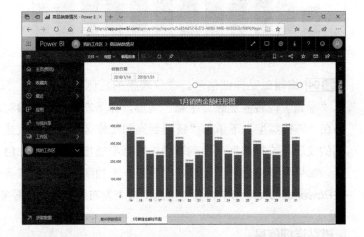

步骤 07 删除仪表板中的磁贴。
如果要删除仪表板中的某个磁
贴，❶则单击磁贴右上角的"更
多选项"按钮，❷在展开的列表
中单击"删除磁贴"选项，如
右图所示。

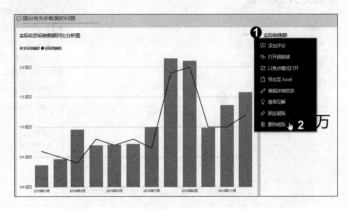

## 10.3.5　向仪表板添加文本框

在仪表板中除了可以添加视觉对象类型的磁贴，还可以添加文本框、图像、视频等类型的磁贴，在添加过程中，还可以设置磁贴的格式。本小节以添加文本框磁贴为例讲解具体的操作。

**步骤01** 启动添加磁贴功能。在仪表板的上方单击"添加磁贴"按钮，如右图所示。

**步骤02** 添加文本框。❶在右侧出现的"添加磁贴"窗格中单击"文本框"，❷然后单击"下一步"按钮，如下左图所示。❸在"添加文本框磁贴"窗格中勾选"显示标题和副标题"复选框，❹在"标题"文本框中输入内容，❺在"填写详细信息"下设置好内容的字体格式，❻在文本框中输入要链接到的地址，❼单击"插入链接"按钮，如下右图所示。

步骤 03 激活链接地址。完成链接地址的输入后，❶单击"完成"按钮，如下左图所示。此时，才能激活链接地址。❷在文本框中继续输入文本内容或链接地址，并应用相同的方法将链接地址激活，❸完成后单击"应用"按钮，如下右图所示。

步骤 04 查看文本框的添加效果。在仪表板上适当调整磁贴和文本框的大小和位置，得到如右图所示的仪表板效果。

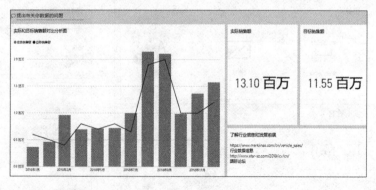

## 10.3.6　在仪表板中添加数据警报

为了在仪表板中的数据更改超出设置的限制时通知用户，可在仪表板中添加警报。但需要注意的是，在 Power BI 服务中只能为固定到仪表板上的仪表、KPI、卡片图等类型的视觉对象设置警报，而且警报仅适用于刷新的数据，不适用于静态数据。

本小节将创建一个每天提醒一次的警报，当被跟踪的数据到达一个设定的值时，将会发送电子邮件提示用户。

步骤01 启动管理警报功能。❶在仪表板中单击卡片磁贴右上角的"更多选项"按钮，❷在展开的列表中单击"管理警报"选项，如右图所示。

步骤02 设置警报规则。❶在右侧出现的"管理警报"窗格中单击"添加警报规则"按钮，❷并确保"可用"下的滑块处于"打开"状态，❸为了便于识别警报，在"警报标题"下的文本框中输入描述警报内容的文本，如下左图所示。❹继续在窗格中设置警报的详细参数，如"条件""阈值""最大通知频率"，❺勾选"同时向我发送电子邮件"复选框，❻单击"保存并关闭"按钮，如下右图所示。

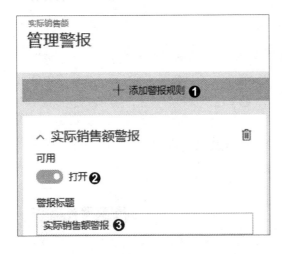

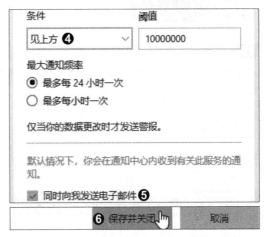

技巧提示

　　若要删除添加的数据警报，在"管理警报"窗格中单击警报名称右侧的"删除"按钮即可。

### 10.3.7　为仪表板应用主题

　　借助仪表板主题可以在不影响报表中视觉对象的同时，将各种颜色的主题效果应用于整个仪表板，让仪表板更加美观。

**步骤01** 启动仪表板的主题功能。❶在仪表板中单击右上角的"更多选项"按钮，❷在展开的列表中单击"仪表板主题"选项，如下图所示。

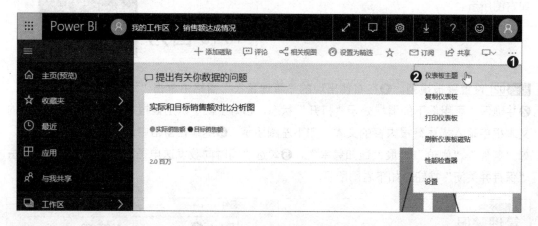

**步骤02** 为仪表板应用主题。打开"仪表板主题"窗格，此时仪表板的默认主题是"浅色"，单击可选择仪表板主题的按钮，❶在列表中选择"深色"选项，如下左图所示。在窗格中单击"保存"按钮，弹出"保存仪表板主题？"对话框，❷单击"保存"按钮，如下右图所示。

**步骤03** 查看设置主题的效果。返回仪表板中，可看到应用"深色"主题后的仪表板效果，如下图所示。

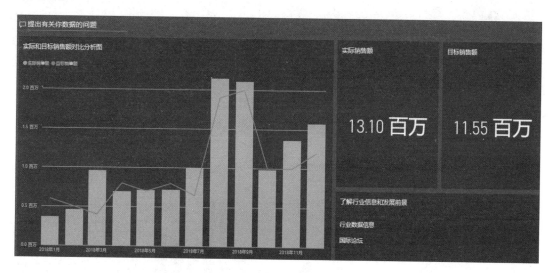

**步骤04** 创建自定义主题。若想自定义颜色，❶则在"仪表板主题"窗格中选择"自定义"的主题，❷在窗格中可添加背景图像，设置背景色、磁贴背景、磁贴字体颜色等，如右图所示。在仪表板中可预览到自定义主题的效果。

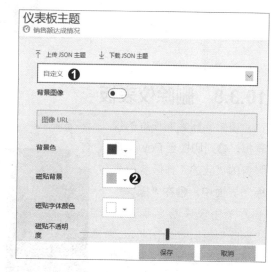

**步骤05** 上传主题。如果对自定义的主题还是不满意，则可使用JSON主题。❶在"仪表板主题"窗格中单击"上传JSON主题"按钮，如下左图所示。❷在弹出的"打开"对话框中找到主题文件的保存位置，❸选择要上传的主题文件，❹单击"打开"按钮，如下右图所示。

265

**步骤06** 查看应用的主题效果。单击窗格中的"保存"按钮，即可对仪表板应用新的主题，如右图所示。

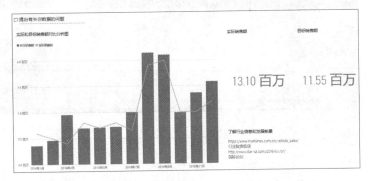

## 10.3.8 删除仪表板

如果要删除制作好的仪表板，❶则切换至 Power BI 服务的"我的工作区 > 仪表板"界面中，❷在"操作"下方单击仪表板名称后的"删除"按钮，如右图所示。如果还要删除制作仪表板的报表和数据集，则切换至相应的界面中删除即可。

## 10.4　使用Power BI服务中的报表创建仪表板

在 Power BI 服务中，除了通过获取数据来创建仪表板，还可以使用 Power BI 服务中的报表创建仪表板。在创建仪表板的过程中，既可以将报表中的单个视觉对象创建为仪表板，也可以将整个报表中的视觉对象都创建为仪表板。本节将对以上两种创建仪表板的方法进行详细介绍。

### 10.4.1　将报表中的单个视觉对象固定到仪表板

如果只想将 Power BI 服务中报表的某个或某些视觉对象固定到仪表板中，可直接通过固定视觉对象功能来实现。

步骤01 选择报表。❶切换至Power BI服务的"我的工作区>报表"界面中，❷单击要用于创建仪表板的报表，如下图所示。

步骤 02 固定视觉对象。在报表编辑视图中单击视觉对象右上角的"固定视觉对象"按钮，如右图所示。

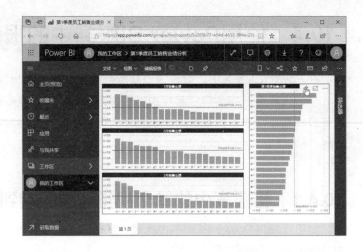

步骤 03 固定到仪表板。打开"固定到仪表板"对话框，❶单击"新建仪表板"单选按钮，❷在"仪表板名称"文本框中输入名称，❸单击"固定"按钮，如右图所示。

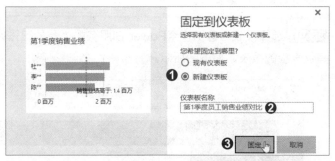

步骤 04 查看制作的仪表板。转至仪表板，单击对应的仪表板名称，即可看到通过报表创建的仪表板效果，如右图所示。

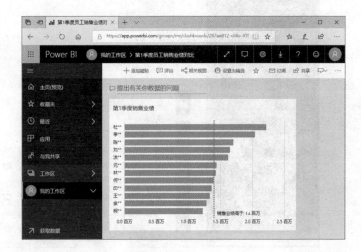

## 10.4.2　将整个报表页固定到仪表板

如果要在 Power BI 服务中将整个报表页固定为磁贴，而不是一次固定一个视觉对象，可以通过固定活动页面功能来实现。

**步骤01** 启动固定活动页面功能。切换至Power BI服务的报表编辑视图中，单击"固定活动页面"按钮，如下图所示。

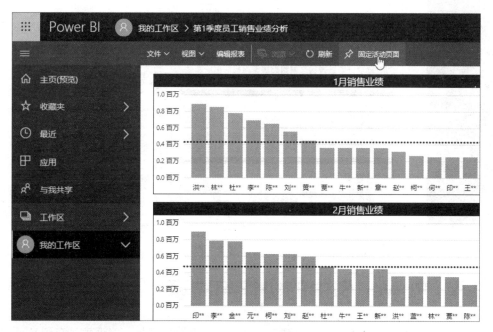

**步骤02** 固定到仪表板。打开"固定到仪表板"对话框，❶单击"新建仪表板"单选按钮，❷在"仪表板名称"文本框中输入名称，❸单击"固定活动页"按钮，如右图所示。

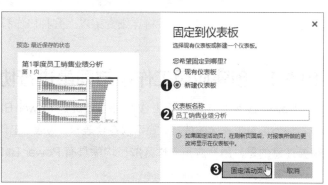

步骤03 查看效果。转至仪表板并单击对应的仪表板名称，可看到报表整个活动页面中的视觉对象都被固定到了仪表板中，如下图所示。

# 10.5　Power BI中的协作与共享

在 Power BI 服务中，可以通过创建应用工作区、共享仪表板、将报表发布到 Web 中来与同事协作和共享内容。本节将详细介绍以上几种协作和共享方式。

## 10.5.1　创建应用工作区与同事进行协作

Power BI 服务中的应用工作区可以看成是 Power BI 应用内容的暂存区域和容器。将同事添加为应用工作区的成员，就可以在仪表板、报表、工作簿、数据集等方面与同事进行协作。需要注意的是，所有应用工作区成员均需具有 Power BI Pro 许可证，但有权访问应用的同事不一定需要许可证。

步骤01 启动创建工作区的功能。❶在Power BI服务的导航窗格中单击"工作区"，❷在展开的界面中单击"创建应用工作区"按钮，如下图所示。

步骤02 创建应用工作区。打开"创建应用工作区"窗格，❶在"命名工作区"下的文本框中输入名称，❷单击"工作区ID"下方的"编辑"按钮，在文本框中输入一个工作区ID，❸在"可用"组中选择相应人员访问工作区的权限，❹在"添加工作区成员"中输入要允许其访问工作区的用户的电子邮件地址，然后单击"添加"按钮。完成添加后，可在下方选择每个人员的身份是成员还是管理员，❺完成后单击"保存"按钮，如右图所示。

步骤 03 启动编辑工作区的功能。随后会自动进入工作区的欢迎界面，且"工作区"界面下方会显示该工作区。❶在导航窗格中单击"工作区"按钮，❷在展开的界面中单击工作区名称右侧的"更多"按钮，❸在展开的列表中单击"编辑工作区"选项，如下图所示。

步骤 04 编辑工作区。打开"编辑工作区"窗格，❶编辑要调整的内容，如"名称""隐私"，❷完成后单击"保存"按钮，如右图所示。如果要删除该工作区，则单击"删除工作区"按钮。

## 10.5.2　共享仪表板

　　如果希望其他人有权访问 Power BI 服务中的仪表板，可通过共享仪表板来实现。收件人可以查看共享的仪表板，但无法对其进行编辑。

步骤01 启动共享仪表板的功能。在Power BI服务的仪表板界面中，单击要共享的仪表板右侧的"共享"按钮，如下图所示。

步骤02 共享仪表板。打开"共享仪表板"窗格，❶在"共享"选项卡下的"允许访问"文本框中输入完整的电子邮件地址，❷在下方的文本框中输入说明信息，❸保持复选框的勾选状态，❹单击"共享"按钮，如右图所示。

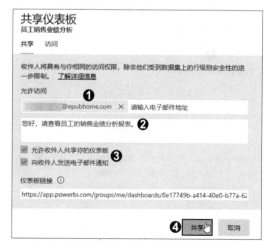

步骤 03 查看共享效果。成功共享仪表板后，当共享用户切换至Power BI服务导航窗格中的"与我共享"界面中时，可看到共享的仪表板名称及所有者，如下图所示。

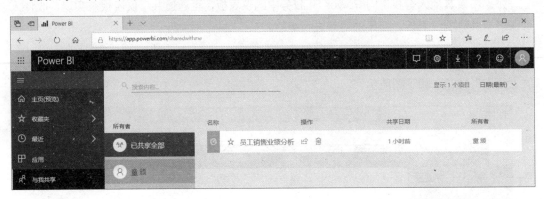

步骤 04 删除访问权限。在所有者的Power BI服务界面中，再次打开"共享仪表板"窗格，❶切换至"访问"选项卡，可看到仪表板的所有者和共享人员，如果要删除某个人员的访问权限，❷则单击右侧的"更多选项"按钮，❸在展开的列表中单击"删除访问权限"选项，如下图所示。

步骤 05 停止共享。打开"删除访问权限"对话框，决定是否要同时删除对相关内容的访问权限，或者只删除报表或数据集的访问权限。由于带有警告图标的项目将无法正常显示，所以最好删除相关内容。❶勾选"数据集"下的复选框，❷单击"删除访问权限"按钮，如下图所示。

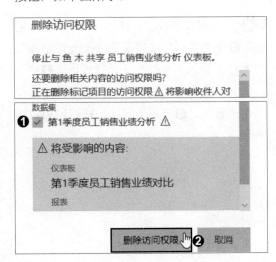

### 10.5.3　将报表从 Power BI 发布到 Web

借助 Power BI 服务中的发布到 Web 功能，可在任何设备上通过电子邮件或社交媒体，轻松地将 Power BI 视觉对象在线嵌入博客和网站中，还可以方便地编辑、更新、刷新或取消共享已发布的视觉对象。

步骤01　启动发布到Web
功能。进入共享报表
的编辑视图中，❶单击
"文件"按钮，❷在展
开的列表中单击"发布
到Web"选项，如右图
所示。

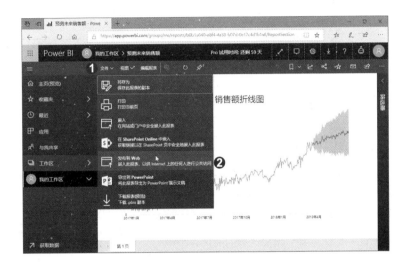

步骤02　创建嵌入代码。
打开"嵌入公共网站"
对话框，单击"创建嵌
入代码"按钮，如右图
所示。

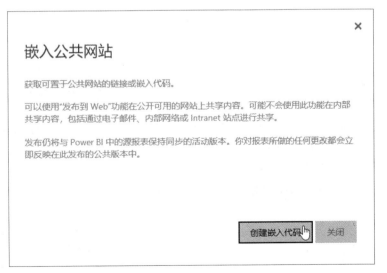

步骤 03 确认发布。在对话框中会出现警告信息，若已准备好将报表发布到公共网站，则单击"发布"按钮，如右图所示。

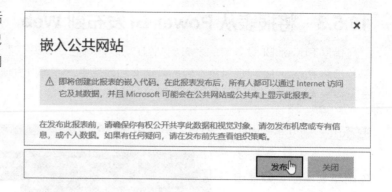

**嵌入公共网站**

⚠ 即将创建此报表的嵌入代码。在此报表发布后，所有人都可以通过 Internet 访问它及其数据，并且 Microsoft 可能会在公共网站或公共库上显示此报表。

在发布此报表前，请确保你有权公开共享此数据和视觉对象。请勿发布机密或专有信息，或个人数据。如果有任何疑问，请在发布前先查看组织策略。

发布 关闭

步骤 04 复制嵌入代码。随后会出现"成功！"对话框，在该对话框中会提供一个可通过电子邮件发送的链接，以及可以直接粘贴到博客或网站中的HTML代码，❶使用【Ctrl+C】组合键复制可以在电子邮件中发送的链接，❷单击"关闭"按钮，如右图所示。

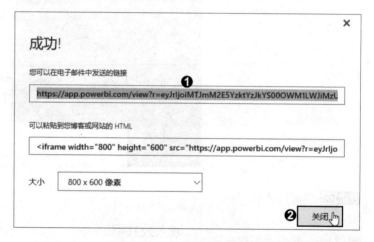

**成功！**

您可以在电子邮件中发送的链接

❶ https://app.powerbi.com/view?r=eyJrIjoiMTJmM2E5YzktYzJkYS00OWM1LWJiMzU

可以粘贴到您博客或网站的 HTML

<iframe width="800" height="600" src="https://app.powerbi.com/view?r=eyJrIjo

大小　800 x 600 像素

❷ 关闭

步骤 05 查看共享的报表效果。在浏览器的地址栏中使用【Ctrl+V】组合键粘贴上一步骤中复制的链接，按下【Enter】键，可看到共享的报表效果，如右图所示。

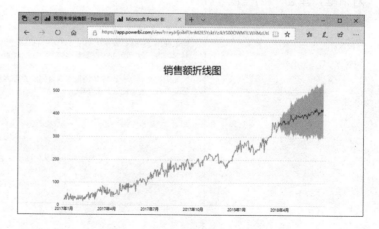

步骤 06　管理嵌入代码。若要管理发布到Web中的嵌入代码，❶则单击"设置"按钮，❷在展开的列表中单击"管理嵌入代码"选项，如下图所示。

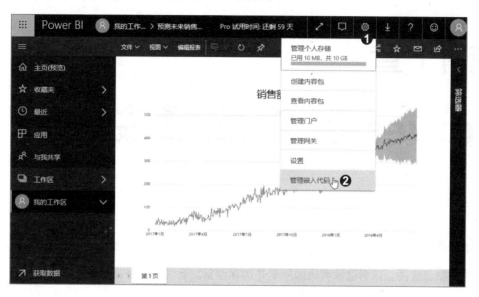

步骤 07　管理代码。随后将显示已创建的嵌入代码，单击报表右侧的"打开菜单"按钮，会显示"获取代码"和"删除"两个功能选项，如下图所示。如果要再次获取代码，单击"获取代码"选项，在打开的对话框中即可获取代码。如果要删除创建的嵌入代码，单击"删除"选项，在打开的对话框中单击"删除"按钮即可。

# 第 11 章
# Power BI 实战演练

本章将通过一个综合实例对 Power BI 的基础知识和重点功能进行系统回顾与应用，以帮助读者巩固所学并加深理解。要说明的是，本实例中使用的数据均为虚构数据，不代表任何一家真实存在的企业的情况。

# 11.1　实例背景

　　某电子产品专卖店在 8 个城市设有门店，主要销售的产品有手机、电脑、平板三类，每一类产品又分别来自 A、B、C 三个品牌，所以该专卖店销售的产品共 9 种。已知该专卖店最近两年的销售明细数据，现要借助 Power BI 软件分别从品牌、类别、门店城市、年度、总体概况五个方面对专卖店的销售情况进行多方位的可视化分析，并将分析结果分享到 Power BI 服务中，便于同事和领导共同查看并讨论当前销售市场的状况，从而优化销售策略，获取更多销售利润。

# 11.2　导入数据

　　要在 Power BI Desktop 中进行数据的可视化分析，首先需要将数据导入报表中。本实例要将 Excel 工作簿中的数据导入 Power BI Desktop 中。

　　◎　原始文件：下载资源\实例文件\第11章\原始文件\实例分析.xlsx、标志.png
　　◎　最终文件：下载资源\实例文件\第11章\最终文件\实例分析.xlsx、实例分析.pbix

步骤01 添加表到数据模型。用于导入Power BI Desktop的Excel工作簿中需存在Power Pivot模型。如果不存在，则要创建数据模型表。在Excel中打开原始文件中的Excel工作簿，❶在

"Power Pivot"选项卡下的"表格"组中单击"添加到数据模型"按钮，❷在弹出的"创建表"对话框中设置数据源所在的单元格区域，保持"我的表具有标题"复选框的勾选状态，❸单击"确定"按钮，如右图所示。如果功能区中没有"Power Pivot"选项卡，可通过"Excel选项"对话框添加。

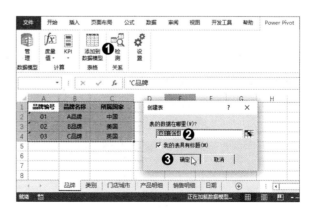

步骤02 完成数据模型的建立。在打开的Power Pivot for Excel窗口中可看到添加到数据模型中的数据效果，应用相同的方法将其他工作表添加到数据模型中。为便于区分不同的数据模型表，还可以在该窗口中对表进行重命名，如右图所示。完成表的模型建立后，另存Excel工作簿并关闭。

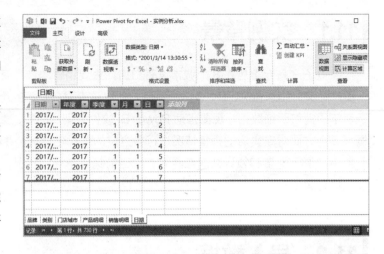

步骤03 导入Excel工作簿。启动Power BI Desktop应用程序，❶单击"文件"按钮，❷在打开的视图菜单中单击"导入"，❸在级联列表中单击"Excel工作簿内容"选项，如右图所示。

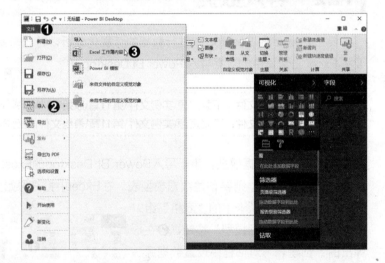

步骤04 选择导入的文件。❶在打开的对话框中找到创建了数据模型的Excel工作簿的保存位置，❷选中要导入的Excel工作簿，❸单击"打开"按钮，如下图所示。随后在"导入Excel工作簿内容"对话框中直接单击"启动"按钮，等待一段时间后，导入完成，在对话框中会提示Excel中的查询表和数据模型表都迁移完成，单击"关闭"按钮即可。

**步骤 05** 查看数据。❶在Power BI Desktop窗口右侧的"字段"窗格中可看到加载后的表及表中的字段，选中要查看的表，❷切换至数据视图，在数据区域查看所选表中的数据内容，会

发现部分数据的显示方式不是期望的效果，如"订单日期"列未按照日期的远近排序，需要进行整理，❸右击"订单日期"列标题，❹在弹出的快捷菜单中单击"以升序排序"命令，如右图所示。完成数据的导入后，保存Power BI Desktop报表。

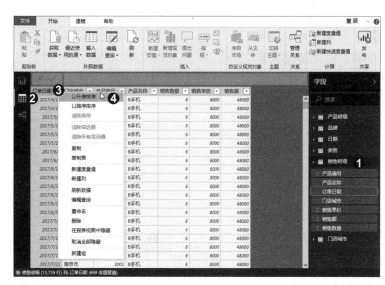

## 11.3 建立数据关系

在 Power BI Desktop 中，如果要根据不同的维度、不同的逻辑对多种来源、多个表格的数据进行可视化分析，则首先要为这些数据表建立关系。下面通过自动检测和手动方式为多个数据表建立关系。

**步骤06** 启动管理关系功能。❶切换至关系视图，可看到导入的6个数据表，此时表之间还未创建关系，拖动调整表的位置，便于表关系建立后的浏览，❷在"开始"选项卡下的"关系"组中单击"管理关系"按钮，如右图所示。

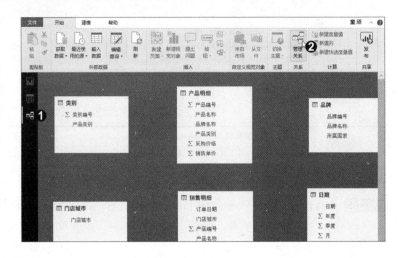

**步骤07** 自动检测关系。在弹出的"管理关系"对话框中可看到尚未定义任何关系，❶单击"自动检测"按钮，等待一段时间，完成自动检测后会弹出"自动检测"对话框，提示用户找到了4个新关系，❷单击"关闭"按钮，如右图所示。

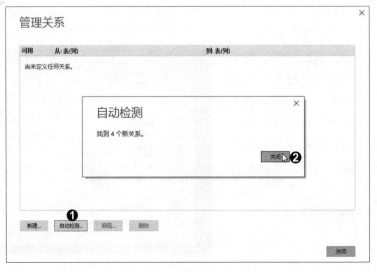

**步骤08** 新建关系。返回"管理关系"对话框中，❶可看到建立了关系的表及相关联的字段名称，如果还需要建立其他表关系，❷则单击"新建"按钮，如下图所示。

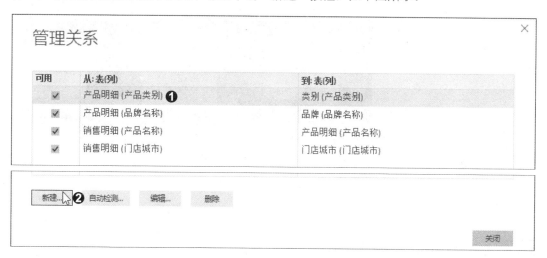

**步骤09** 创建新的关系。❶选择相互关联的表和列，❷在对话框的下方设置好"基数"和"交叉筛选器方向"，❸单击"确定"按钮，如右图所示。需要注意的是，默认情况下，Power BI Desktop会自动配置新关系的基数（方向）、交叉筛选器方向和活动属性，但必要时可对其进行更改。

步骤10 查看关系的建立结果。返回Power BI Desktop窗口，可在关系视图中看到创建的表关系效果，如右图所示。

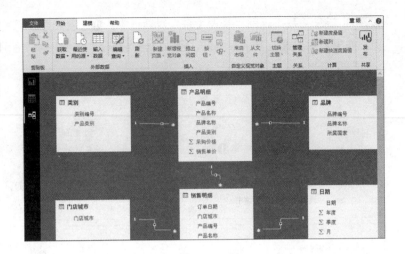

## 11.4 制作导航按钮

为了提升数据展示和观点表达的灵活性，可结合使用书签和按钮功能来制作导航按钮，实现多个报表的快速切换。下面将通过制作多个书签和按钮来实现报表页的切换。

步骤11 插入图像。❶切换至报表视图，❷在"开始"选项卡下的"插入"组中单击"图像"按钮，❸在弹出的"打开"对话框中找到图像的保存位置，❹选中要插入的图像，❺单击"打开"按钮，即可完成图像的插入操作，如右图所示。

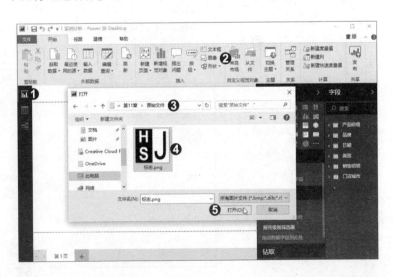

步骤12 插入按钮。❶在画布中可看到插入图像的效果，接着在画布中插入按钮，❷在"开始"选项卡下的"插入"组中单击"按钮"按钮，❸在展开的列表中单击"空白"选项，如右图所示。

步骤13 设置按钮的格式。选中画布中插入的空白按钮，❶在"可视化"窗格的"按钮文本"详细界面中设置按钮文本内容、字体颜色、对齐方式、文本大小，如下左图所示。❷单击"边框"右侧的滑块，关闭该选项，❸在"填充"详细界面中设置空白按钮的填充颜色和透明度，如下右图所示。

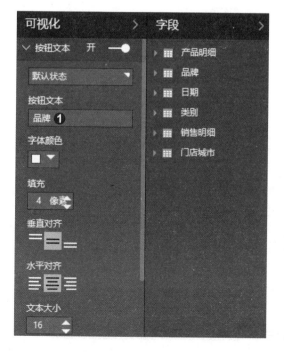

步骤14 设置按钮大小。在"可视化"窗格的"常规"详细界面中设置按钮的"宽度"和"高度",如右图所示。随后应用相同的方法再插入4个空白按钮,在按钮中输入对应的文本,并设置按钮的文本大小、填充颜色、高度和宽度。为了突出当前页的导航按钮,可为当前页的按钮文本设置较大的字号和不同的填充颜色,如将当前页的"品牌"按钮的文本大小设置为16磅,填充颜色设置为黑色;其他按钮的文本大小设置为13磅,填充颜色设置为灰色。

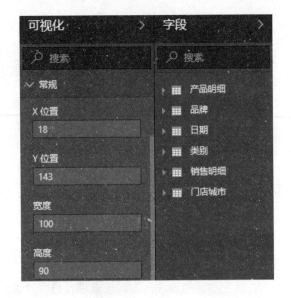

步骤15 复制页。❶在画布中调整图像的大小和位置,并调整按钮的位置,❷右击报表页标签,❸在弹出的快捷菜单中单击"复制页"命令,如下图所示。

**步骤16** 添加书签。复制好需要的报表页数量后，❶重命名各报表页，❷为各报表页中对应的导航按钮设置较大的字体和不同的填充颜色，如为"总体概况分析"报表页的"总体概况"按钮设置与其他按钮不同的字体大小和填充颜色，将其他页的导航按钮进行同理设置。接着通过添加书签为实现按钮的导航功能做准备。❸切换至要添加书签的报表页，❹在"视图"选项卡下的"显示"组中勾选"书签窗格"复选框，❺在打开的"书签"窗格中单击"添加"按钮，此时程序会创建书签，并为其提供一个通用名称。应用相同的方法继续切换至要添加书签的报表页，并单击"添加"按钮添加书签。❻为了便于区分每个书签对应的报表页，对书签进行重命名，如下图所示。

**步骤17** 关联按钮与书签。完成书签的添加后，还需要将按钮与书签相关联才能实现导航功能。❶切换至"品牌分析"报表页，❷选中要关联书签的按钮，如"类别"，❸在"可视化"窗格的"操作"详细界面中设置"类型"为"书签"，❹单击"书签"下拉列表框，❺在展开的列表中选择要与此按钮关联的书签，如"类别分析"，如下图所示。应用相同的方法为所有报表页中的按钮设置关联书签。需要注意的是，与当前报表页对应的按钮无需设置关联书签，例如，"品牌分析"报表页中的"品牌"按钮无需设置关联书签，其他报表页中的对应按钮也同理。

**步骤18** 测试按钮的导航效果。完成按钮和书签的关联后，❶按住【Ctrl】键不放，单击要测试的按钮，如"总体概况"，❷即可跳转至该按钮关联的书签指向的"总体概况分析"报表页中。❸在"建模"选项卡下单击"计算"组中的"新表"按钮，如下图所示。

## 11.5　新建表和度量值

要想在报表中查看数据的特定内容并将这些内容可视化，可在 Power BI Desktop 中创建度量值。下面将在报表中使用 DAX 函数创建新表并将创建的度量值放置在新表中。

**步骤19** 新建表。当模型中新建的度量值特别多的情况下，很有必要用一个表专门收纳度量值。❶在公式栏中输入建立新表的公式"度量值表=ROW("度量值"，BLANK())"，按下

【Enter】键，❷即可看到新建的"度量值表"及表中的一个空白字段。完成表的建立后，就可以开始新建度量值了，❸在"建模"选项卡下的"计算"组中单击"新建度量值"按钮，如右图所示。

**步骤20** 新建度量值。❶在公式栏中输入"销售总额=SUM("，在展开的列表中可看到Power BI Desktop建议的相关数据字段列表，并且还有解释函数的语法和参数的工具提示，❷在字

段列表中双击要插入的字段名，即"销售明细"表中的"销售额"字段，如右图所示。完成字段的插入后输入英文状态下的")"，按下【Enter】键，即可完成度量值的建立。

步骤21 完成所有度量值的建立。继续在报表中新建三个度量值，其公式分别为"2018年累计销售额=TOTALYTD([销售总额],'日期'[日期])""2017年累计销售额=TOTALYTD([销售总额],SAMEPERIODLASTYEAR('日期'[日期]))""累计同比增长率=DIVIDE([2018年累计销售额],[2017年累计销售额])-1"，如右图所示。

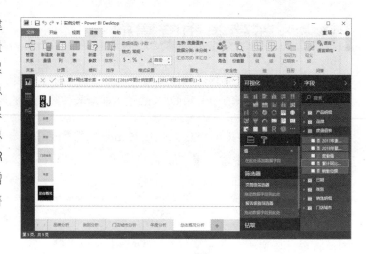

步骤22 隐藏空白字段。"度量值表"中存在的空白字段不能删除，但为了避免影响其他度量值的查看和使用，可将其隐藏，❶在该字段上右击，❷在弹出的快捷菜单中单击"隐藏"命令，如下左图所示。隐藏该字段后的效果如下右图所示。

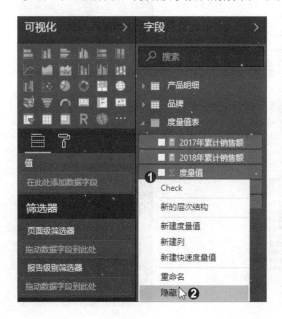

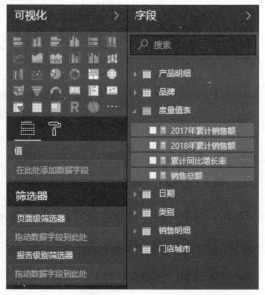

# 11.6　整理数据表

从 Excel 工作簿中导入的数据不一定能完全满足后续的可视化分析需求，此时就需要在 Power BI Desktop 中对导入的数据进行整理。下面通过合并查询、自定义列和整理数据类型功能对报表中的数据进行适当整理。

**步骤23** 启动合并查询功能。现要在"销售明细"表中添加"产品明细"表中的"采购价格"字段，在"开始"选项卡下单击"编辑查询"按钮，进入Power Query编辑器，❶切换至"销售明细"表，❷在"开始"选项卡下的"组合"组中单击"合并查询"按钮，如右图所示。

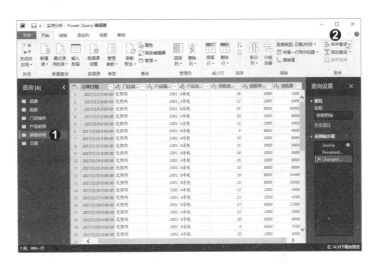

**步骤24** 设置合并表。打开"合并"对话框，❶在对话框的下方设置好要合并的表，如"产品明细"，❷并选择这两个表中相同的字段，如"产品编号"，❸单击"确定"按钮，如右图所示。

步骤 25 选择扩展列。返回Power Query编辑器中，可在"销售明细"表内容的右侧看到一个新增的列，❶单击该列标题右上角的图标，❷在展开的列表中勾选需要合并的字段复选框，如"采购价格"，❸单击"确定"按钮，如下图所示。

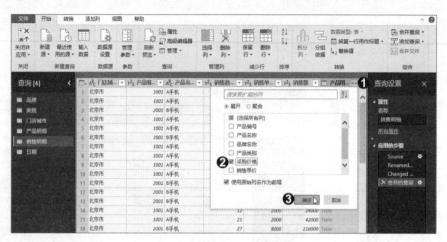

步骤 26 自定义列。❶完成列的合并后，更改新合并的列名为"采购价格"。❷切换至"添加列"选项卡，❸在"常规"组中单击"自定义列"按钮，如下图所示。

**步骤27** 设置列名和公式。打开"自定义列"对话框，❶在"新列名"文本框中输入自定义列的列名，❷在"可用列"列表框中选择用于定义新列公式的字段，如"采购价格"，❸单击"插入"按钮，❹在"自定义列公式"文本框中会看到插入的字段，在字段后输入"*"，

应用相同的方法在公式中插入"销售数量"字段，完成公式的设置，❺单击"确定"按钮，如右图所示。返回Power Query编辑器窗口，再次打开"自定义列"对话框，输入"销售利润"列名，设置公式为"=[销售额]-[销售成本]"，单击"确定"按钮。

**步骤28** 更改数据类型。完成列的添加后，如果列的类型不符合实际的工作需求，❶可在该列的名称上右击，❷在弹出的快捷菜单中单击"更改类型>整数"命令，如右图所示。应用相同的方法更改"销售利润"列的数据类型为整数，完成后在"开始"选项卡下单击"关闭并应用"按钮，返回Power BI Desktop窗口。

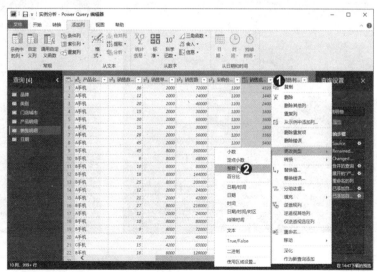

# 11.7 可视化效果的呈现和分析

　　实现数据可视化是 Power BI 最核心的功能。下面对导入并整理后的数据进行可视化的分析处理，以便为用户提供见解，从而快速、明智地做出决策。

**步骤29** 创建视觉对象。切换至"品牌分析"报表页，❶在"可视化"窗格中单击"卡片图"视觉对象，❷在"字段"窗格中勾选"销售额"字段复选框，如下左图所示。❸切换至"可视化"窗格的"格式"选项卡，❹设置视觉对象的格式选项，如下右图所示。

**步骤30** 品牌分析。用相同的方法继续在报表页中插入需要的视觉对象，并调整格式、位置和大小，制作出如下图所示的"品牌分析"报表页。若要查看A品牌数据的可视化效果，可在切片器视觉对象上单击代表A品牌数据的复选框。

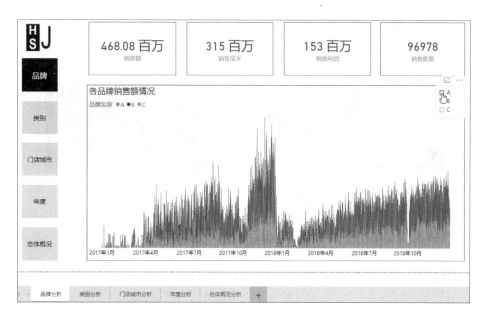

步骤31 查看筛选效果。完成筛选后，可发现报表页中的多个视觉对象将只显示A品牌销售数据的可视化结果。按住【Ctrl】键不放，单击该报表页中的"类别"按钮，如下图所示。

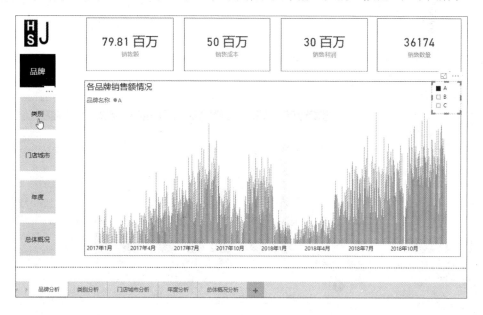

步骤 32 类别分析。①跳转至"类别分析"报表页，②利用Power BI Desktop中的视觉对象和字段制作出如下图所示的报表页效果，③按住【Ctrl】键不放，单击"门店城市"按钮。

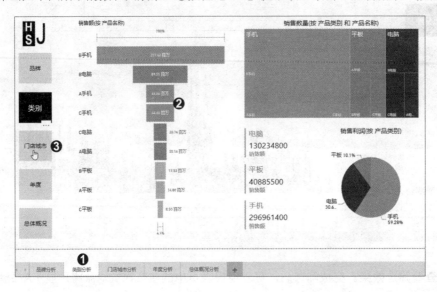

步骤 33 门店城市分析。①跳转至"门店城市分析"报表页，②制作出与门店城市有关的视觉对象并设置好格式，③按住【Ctrl】键不放，单击"年度"按钮，如下图所示。

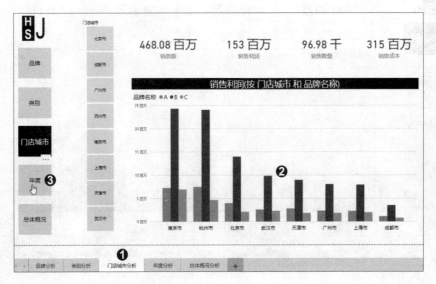

步骤34 年度分析。❶跳转至"年度分析"报表页，❷制作出需要的视觉对象并设置好格式后，❸按住【Ctrl】键不放，单击"总体概况"按钮，如右图所示。

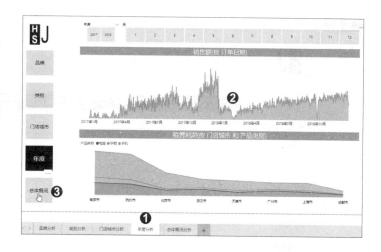

步骤35 制作表格并设置样式。跳转至"总体概况分析"报表页后，❶在"可视化"窗格中单击"矩阵"视觉对象，❷在"字段"窗格中勾选需要可视化的日期字段和度量值，如下左图所示。❸切换至"可视化"窗格的"格式"选项卡，❹在"样式"的详细界面中单击"样式"下拉列表框，❺在展开的列表中单击"交替行"选项，如下右图所示。继续设置矩阵视觉对象的其他格式，并调整矩阵的列宽，随后在该报表页中插入其他视觉对象并设置格式。

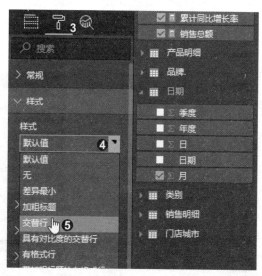

步骤 36 总体概况分析。即可得到如下图所示的对总体概况进行分析的报表页效果。

步骤 37 查看筛选效果。如果要查看B品牌的手机产品在杭州市门店的2018年月度销售额情况，可以在"总体概况分析"报表页中使用多个切片器进行筛选，如下图所示。

# 11.8　分享报表

完成报表的制作后，需要将报表发布到 Power BI 服务，以分享给同事和领导，让他们能够在线访问创建好的报表。下面使用 Power BI Desktop 的发布功能将创建好的报表分享到 Power BI 服务中。

**步骤38** 发布报表。要想随时随地管理和追踪报表数据，可将Power BI Desktop中制作的报表发布到Power BI服务中。在Power BI Desktop窗口的"开始"选项卡下单击"共享"组中的"发布"按钮，如下图所示。

**步骤39** 选择发布位置。弹出"发布到Power BI"对话框，❶选择一个目标位置，如"我的工作区"，❷单击"选择"按钮，如右图所示。

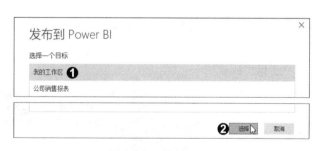

**步骤40** 完成报表的发布。等待一段时间后，完成报表的发布，会在对话框中收到报表发布后的链接，单击该链接，如右图所示。

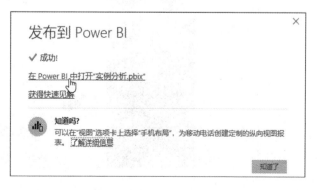

步骤41 查看报表发布效果。由于之前已登录过Power BI服务，所以在打开的浏览器中可直接选择要登录的账户并输入密码，完成登录后，❶进入"我的工作区"界面，❷切换至"报表"选项卡，❸可看到之前发布的"实例分析"报表，单击该报表，如右图所示。

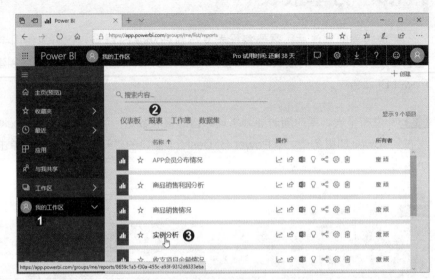

步骤42 在Power BI服务中查看报表。进入报表后，可看到该报表中的多个报表页，❶可直接单击报表页左侧的导航按钮，切换至其他报表页，无需按住【Ctrl】键来跳转。❷还可在报表页中使用切片器筛选数据，❸将鼠标指针放置在要查看的数据系列上，可在浮动框中查看具体的数据信息，如右图所示。